C语言设计

项目化教程

主　编　陈帅华　韩亚军　张建平

副主编　何瑞英　曾小玲　龙　莎　曹志文

復旦大學出版社

内容提要

本书面向工作过程并按职业能力递进的顺序安排内容，以“项目导向，任务驱动”的教学模式，将各个知识点和各项教学活动紧密联系，以培养学生的自主开发能力。

本书绪论主要介绍了 C 语言的概况、程序设计与算法；全书包含了 6 个项目：项目 1 为选手成绩录入与计算，主要介绍 C 程序宏观架构、开发过程及环境、数据类型、顺序结构程序设计、C 程序的输入输出，选手总分的计算；项目 2 为选手成绩最值计算，主要介绍分支结构设计; 项目 3 为选手成绩排序，主要介绍循环结构设计、数组设计和使用；项目 4 为选手成绩汇总，主要介绍函数设计与实现；项目 5 为指针优化选手成绩排序，主要介绍指针的使用；项目 6 为选手信息管理，主要介绍结构体与共用体、文件的使用。本书可作为高职院校计算机相关专业及理工类各专业程序设计公共课程教材，也可作为 C 语言课程设计的参考书。

扫码获取相关程序代码

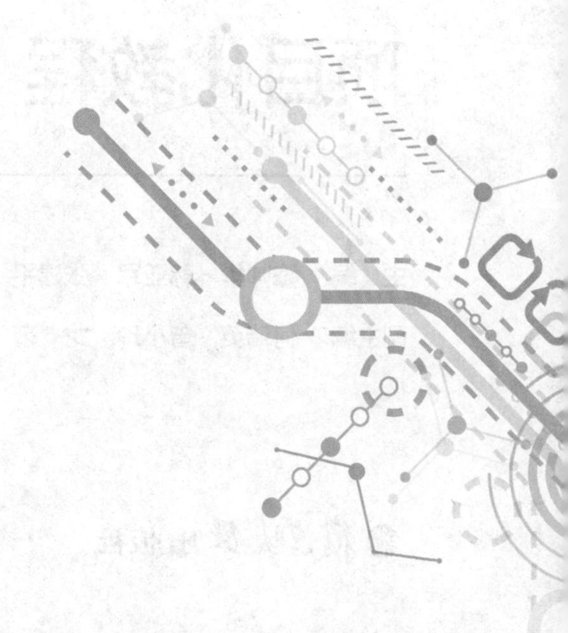

前 言

目前，很多高等院校都选用C语言作为程序设计基础课程的学习语言。传统的C语言教材比较注重按照知识的体系结构组织内容，不能将理论知识与实际的软件开发结合起来，学生普遍反映学习难度较大，影响学习的积极性和主动性。针对这种情况，我们在教学内容、教学方法的改革和创新方面进行了大胆尝试，本着“项目导向，任务驱动”的教学原则，组织长期从事C语言教学的老师精心编写了这本教材。

程序设计基础是培养学生程序设计逻辑和思维的入门课程。本课程的主要目标是培养学生程序设计的理念，使学生学会程序设计的基本方法，为后续课程的学习打好基础。

本教材以培养学生的C语言程序设计应用能力为主线，强调理论与实践相结合。通过各项目的学习，可掌握C语言的知识和语法。本教材在编写过程中有以下特点。

1. 面向工作过程和职业能力递进设计课程内容体系

针对企业使用C语言程序设计的工作过程，重构课程内容体系，围绕C语言程序设计需要的知识、能力、素质，我们搭建了项目工作场景，细化出相应的课程单元，保障了(项目)工作任务实施与实际工作过程的一致。学生在完成(项目)工作任务的过程中，构建知识体系，发展职业能力。

2. 全面实施“项目导向，任务驱动”

项目导向，选择了选手成绩录入与计算、选手成绩最值计算、选手成绩排序、选手成绩汇总、指针优化选手成绩排序、选手信息管理共6个项目作为背景。任务驱动，我们将每个项目分解成多个任务，通过对任务的分析和实现，引导学生由浅入深、由简到难地学习，使学生的编程能力在6个项目的实施中逐步得到提高，达到学以致用的目的。

3. 基础知识与延展知识相结合，保证知识的覆盖面

本教材选用的6个项目包含C语言中的大部分知识点，对于小部分没有涉及的内容，在延展知识中加以补充。教师可以根据教学要求，灵活配置和组织教学内容。

4. 强化训练，注重动手能力培养

为了更好地掌握程序开发，本教材按照教学全过程实施技能训练的思路，设置了大量的训练任务，通过“学用结合，理实一体”，实现同步训练、小组活动和任务拓展训练，强化学生的动手能力。

本教材由陈帅华、韩亚军、张建平担任主编，何瑞英、曾小玲、龙莎、曹志文等担任副主编，并由陈帅华规划与统稿。其中，陈帅华编写绪论、项目4，韩亚军编写项目1、项目3，何瑞英编写项目2，张建平、曾小玲编写项目5，龙莎和曹志文编写项目6。向所有给予本教材支持、帮助的同仁致以深深的谢意！

要编写一本令人满意的教材不是一件容易的事，尽管我们反复核查，但书中难免有疏漏和错误等不尽如人意之处，敬请读者不吝指正，我们感激不尽。

编　者

2020 年 8 月

目　录

绪论

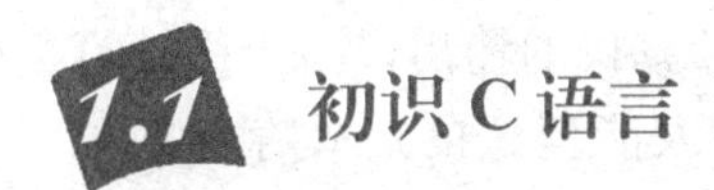

1.1 初识C语言

知识目标

(1) 了解计算机的组成和工作原理。
(2) 了解什么是程序、程序设计、程序设计语言。
(3) 了解C程序设计语言的发展历史和特点。

课程思政与素质

(1) 通过计算机语言的学习,培养学生认真严谨的做事习惯。
(2) 通过软件开发,培养学生的耐心和实践精神。

项目要求

C语言是一门诞生较早的面向过程的高级程序设计语言。从诞生开始,由于其有着其他结构化程序设计语言所没有的优点,而深受广大编程人员的喜爱,并得到广泛使用。在C语言的基础上进行扩展,又衍生出C++、C#等面向对象的程序设计语言。编程初学者大多以C语言作为计算机编程学习的入门语言。本书将为初学者揭开计算机编程的神秘面纱。

本节将对计算机基础知识、C语言的发展历史和特点等内容进行详细讲解。

1.1.1 计算机基础知识

在学习程序设计技术之前,如果能了解计算机的基本知识,对理解程序设计是很有帮助的。为此,下文以提问和解答的形式先介绍与计算机程序设计密切相关的概念。如果你对计算机基础知识已有一定的了解,可以跳过这一节内容。

问题1:什么是计算机?

现在计算机如同普通机器,在各行各业得到了广泛的应用。那么,计算机与一般机器有什么不同?

这里所说的计算机是电子数字计算机,它是能对用离散符号表示的数据或可编程信息自动进行处理的电子设备。计算机主要由中央处理器(CPU)、主存储器(MM)、输入/输出(I/O)设备三大部分组成。CPU主要由控制器和运算器两部分组成,对数据进行运算并对运算过程进行控制。控制器的主要功能是自动从主存储器读取指令,予以解释、执行,并控制与输入/输出设备联系等。运算器的功能是按照指令的指示完成相应的算术运算或逻辑运算,并与存储器或输入/输出设备交换数据。主存储器简称主存或内存,它是可随机存取的存储器,也称随机存储器(RAM),用来存储计算机运行时随时需要的程序和数据。计算机的输入设备能将待输入的各种形式的信息转换成适合计算机处理的信息,并输入计算机,例如,磁盘机、键盘、鼠标等。计算机的输出设备接受计算机处理过的信息,并能将信息转变成其他机器能识别的形式或人能理解的形式存储或显示,例如,磁盘机、显示器、打印机等。

问题2:计算机是如何工作的?

CPU是计算机的控制中心和计算机执行程序时的工作平台。内存是计算机程序和数据的存储场所,内存被分隔成许多单元或字节,为区别内存不同单元的存储位置,各内存单元按顺序对应一个二进制编号,内存单元的编号称为内存单元的地址(address)。

CPU又包含几个关键部件,分别是指令译码部件、算术逻辑部件和若干寄存器。其中,指令译码部件分析当前要执行的指令,并将其转换成能让算术逻辑部件理解的电子信号;算术逻辑部件完成算术或逻辑运算;寄存器如同手工计算时用的便笺,用来暂存计算时需要的操作数和计算过程中产生的临时结果。

能让计算机直接执行的程序是由计算机的机器指令组成的。一台计算机的全部机器指令构成了该计算机的机器语言。机器指令是由包含二进制信息的二进位组成的代码,其中一部分代码指定指令的操作功能,另一部分代码指出指令的操作对象和其他特征信息。在CPU中还有一个称为指令计数器的寄存器,由它指出程序中下一条将要执行的指令在内存中的地址。计算机执行一条指令大致包含以下5个阶段。

① 取指令阶段:根据指令计数器取出程序中要执行的指令,并使指令计数器改为下一条指令的地址。译码部件将取得的指令中的操作码转换成各指令执行部件能理解的电子信号。

② 取操作数阶段:根据指令给定的操作数地址取出操作数。

③ 执行阶段:执行部件完成译码部件传送来的命令,完成指令所规定的计算功能。如果是算术逻辑运算指令则由算术逻辑部件完成计算。

④ 结果处理阶段:存储计算结果,并建立结果特征信息。

⑤ 推进阶段:回到第一阶段继续工作。

一个新的程序开始执行时,首先要将程序从外存储器调入内存,并将程序开始执行的第1条指令的地址放入指令计数器中。

在取指令阶段,中央处理器根据指令计数器中的地址,从该内存存储器的地址中取出正要执行的指令。指令取出后,指令计数器的内容立即被修改为下一条指令的地址。

在取操作数阶段,计算机根据指令给定的寻址方式和地址寄存器的内容等有关信息,计算出操作数地址,并从该内存地址中取出操作数。

在执行阶段,CPU 按指令规定的操作功能对操作数进行加工。结果处理阶段根据目的操作数地址保存计算结果,并设置结果状态。推进阶段实现连续执行程序中的指令。

上述过程是指令的大致执行过程,有些指令的执行过程不一定要经历 5 个阶段。每个阶段要完成的工作,不同指令也不完全相同,如控制转移指令,该指令将转移地址存入指令计数器,使计算机从新的程序位置开始获取指令。如此周而复始,直到停机。

由以上计算机执行程序的过程可知,当计算机要执行某条程序时,只有先把当前正要执行的程序段和正要操作的数据从辅助存储器调入内存,该程序段才能被计算机执行。如当前要执行的程序段或操作数据暂时还不在内存时,就得先把它们调入内存才能继续执行。对于大型程序或处理大量数据的程序来说,程序或数据可以分段调入内存,即把正要执行的那部分程序或数据先调入内存,而把暂不执行的那部分程序或暂不使用的数据暂时保留在外存,当需要它们时,再将其调入内存。

问题 3: 什么是程序?

要使计算机能完成人们指定的工作,就必须把要完成工作的具体步骤编写成计算机能执行的一条条指令,计算机执行这个指令序列后,就能完成指定的功能,这样的指令序列就是程序。所以,程序就是供计算机执行,能完成特定功能的指令序列。

计算机程序主要包含两方面的内容: 数据结构和算法。数据结构描述数据对象及数据对象之间的关系;算法描述数据对象的处理过程。计算机程序具有以下性质:

① 目的性: 程序有明确的目的,程序运行时能完成赋予它的功能。

② 分步性: 程序由计算机可执行的一系列基本步骤组成。

③ 有序性: 程序的执行步骤是有序的,不可随意改变程序步骤的执行顺序。

④ 有限性: 程序所包含的指令序列是有限的。

⑤ 操作性: 有意义的程序总是对某些对象进行操作,完成程序预定的功能。

问题 4: 什么是程序设计?

程序设计就是根据问题的需求,设计数据结构和算法,编制程序和编写文档,以及调试程序,使计算机程序能正确完成根据问题的需求所设置的任务。

通过上机实践找出程序中的错误并改正程序的过程就是程序调试。现在程序语言的开发环境都提供使用平常方便、功能强大的程序调试器,供程序调试人员使用。

程序首先应该能正确完成任务,是可靠的。同时,程序在使用过程中,因为使用环境改变或需要修改程序功能等原因,可能会经常修改。因此,除了为程序编写详细正确的文档外,编写容易阅读的结构化程序也是对一个好程序的要求。总体来说,好程序有可靠性、易读性、可维护性等良好特性。为达到这些目标,应采用正确的程序设计方法,以便从设计方法上保证设计出具有上述良好特性的程序。

问题 5: 什么是程序设计语言?

程序设计语言是人与计算机进行信息通信的工具,是一种用来编写计算机程序的语言。随着计算机技术的发展,现在程序设计语言有几千种,大致可分为 3 类: 机器语言、汇编语言和高级语言。

(1) 机器语言

由于计算机内部只能接收二进制代码,因此,用二进制代码 0 和 1 描述的指令称为机器指令。全部机器指令的集合构成计算机的机器语言,用机器语言编写的程序称为目标程序。只有目标程序才能被计算机直接识别和执行。但是机器语言编写的程序无明显特征,难以记忆,不便阅读和书写,且依赖于具体计算机类型,局限性很大。机器语言属于低级语言。

(2) 汇编语言

汇编语言的实质和机器语言是相同的,都是直接对硬件进行操作,只不过指令采用了英文缩写的标识符,更容易识别和记忆。它同样需要编程者将每一步具体的操作用命令的形式编写出来。汇编程序通常由3部分组成:指令、伪指令和宏指令。汇编程序的每一句指令只能对应实际操作过程中的一个很细微的动作。

(3) 高级语言

高级语言相对于机器语言而言是高度封装了的编程语言,与低级语言相对。它是以人类的日常语言为基础的一种编程语言,使用一般人易于接受的文字来表示(如汉字、不规则英文或其他语言),从而使程序员编写更容易,亦有较高的可读性,使对计算机认知较浅的人更方便。高级语言所编制的程序不能直接被计算机识别,必须经过转换才能被执行。

1.1.2 C语言的发展历史

C语言之所以命名为C语言,是因为C语言源自肯·汤普森(Ken Thompson)发明的B语言,而B语言则源自BCPL(基本组合编程语言)。

1967年,剑桥大学的马丁·理察德(Martin Richards)对CPL进行了简化,于是产生了BCPL。

1970年,美国贝尔实验室的肯·汤普森以BCPL为基础,设计出了简单且很接近硬件的B语言(取BCPL的首字母),并且用B语言编写了第一个UNIX操作系统。

1972年,美国贝尔实验室的丹尼斯·里奇(Dennis Ritchie)在B语言的基础上最终设计出了一种新的语言,他取BCPL的第二个字母作为这种语言的名称,这就是C语言。

1973年初,C语言的主体完成。随着UNIX操作系统的发展,C语言自身也在不断完善。直到现在,各种版本的UNIX操作系统内核和周边工具仍然使用C语言作为最主要的开发语言。

1982年,成立了C标准委员会,建立了C语言的标准。1989年,美国国家标准化协会(American National Standards Institute, ANSI)发布了第一个完整的C语言标准——ANSI X3.159—1989,简称C89,人们习惯称其为ANSI C。C89在1990年被国际标准化组织(International Standard Organization, ISO)采纳,ISO官方给予的名称为ISO/IEC 9899,所以ISO/IEC 9899:1990通常简称为C90。

1999年,在做了一些必要的修正和完善后,ISO发布了新的C语言标准,命名为ISO/IEC 9899:1999,简称C99。

2011年12月8日,ISO又正式发布了新的C语言标准,称为ISO/IEC9899:2011,简称C11。

C语言是一门通用的计算机编程语言,广泛应用于计算机的底层开发。C语言的设计目标是提供一种能以简易的方式编译、处理低级存储器,产生少量的机器码及不需要任何运行环境支持便能运行的编程语言。

1.1.3 C语言的特点

C语言具有如下特点。

(1) 简洁、紧凑、灵活

C语言的核心内容很少,只有32个关键字,9种控制语句;程序的书写格式自由,压缩了一切不必要的成分。

(2) 表达方式简练、实用

C语言有一套强有力的运算符,一共44个,可以构造出多种形式的表达式,而且使用一个表达式就可以实现用其他语言需多条语句才能实现的功能。

(3) 具有丰富的数据类型

计算机语言的数据类型越多,数据的表达能力就越强。C语言具有现代语言的各种数据类型,如字符型、整型、实型、数组、指针、结构体和共用体等,可以实现如链表、堆栈、队列、树等各种复杂的数据结构。其中指针的使用可使参数的传递更加简单、迅速,而且节省内存。

(4) 具有低级语言的特点

C语言具有与汇编语言相近的功能和描述方法,如地址运算、二进制数位运算等,对硬件端口等资源直接操作,可充分使用计算机资源。C语言既具有高级语言便于学习和掌握的特点,又具有机器语言或汇编语言对硬件的操作能力,因此C语言既可以作为系统描述语言,又可以作为通用的程序设计语言。

(5) 是一种结构化语言,适合大型程序的模块化设计

C语言提供编写结构化程序的基本控制语句,如if-else语句、switch语句、while语句、do-while语句等。C语言程序是函数的集合,函数是构成C语言程序的基本单位,每个函数具有独立的功能,函数之间通过参数传递数据。除了用户编写的函数,不同的编译系统、操作系统还提供大量的库函数供用户使用,如输入/输出函数、数学函数、字符串处理函数等,灵活使用库函数可以简化程序设计。

(6) 各种版本的编译系统都提供预处理命令和预处理程序

预处理扩展了C语言的功能,提高了程序的可移植性,为大型程序的调试提供方便。

(7) 可移植性好

程序可以在环境不经改动或稍加改动情况下移植到另一个完全不同的环境中运行,这是因为系统库函数和预处理程序将可能出现的和机器有关的因素与源程序隔离开,使得在不同的C语言编译系统之间重新定义有关内容变得容易。

(8) 生成的目标代码质量高

C语言编写的目标代码的运行效率仅比用汇编语言编写的目标代码低10%到20%,可充分发挥机器的效率。

(9) 语法限制少,程序设计自由度高

C语言程序在运行时不做例如数组下标越界和变量类型兼容性等检查,而是由程序员自己保证程序的正确性。C语言几乎允许所有数据类型的转换,字符型和整型可以自由混合使用,所有类型均可作为逻辑型,还可以自己定义新的类型,将某类型强制转换为指定的类型。实际上,这使得程序员有了更大的自主性,可编写出更灵活、优质的程序。但这也给

初学者的学习增加了一定的难度，只有在熟练掌握C语言程序设计后，才能体会其灵活性。

通过上述介绍，我们已经了解了C语言的若干特点。C语言虽然是一种优秀的计算机程序设计语言，但也存在一些缺点，了解这些缺点，才能在使用中扬长避短。

(1) C语言程序的错误更隐蔽

C语言的灵活性使得程序员在编写程序时更容易出错，而且C语言的编译器不会检查类似的错误。C语言与汇编语言类似，需要在程序运行时才能发现这些逻辑错误。还有一些错误例如将比较运算符"=="写成赋值运算符"="，这在语法上没有错误，所以这种逻辑错误不易被发现，要找出来往往十分费时，需要重视。

(2) C语言程序有时难以理解

C语言是一种小型语言，语法成分相对简单。但是其数据类型多，运算符丰富且结合性多样，使得理解起来有一定的难度。有关运算符和结合性，人们最常说的一句话是"先乘除，后加减，同级运算从左到右"，但是C语言的使用远比这要复杂。发明C语言时，为了减少字符输入，程序设计常比较简洁，这也使得C语言的程序有时难以理解。

(3) C语言程序有时难以修改

考虑到程序规模的大型化或巨型化，现代编程语言通常会提供"类"、"包"之类的语言特性，这样的特性可以将程序分解成更加易于管理的模块。然而，C语言缺少这样的语言特性，大型程序的维护比较困难。

C语言是一种过程性的语言，职业程序员或软件开发人员应该认真学习该语言，这是因为C语言可以代替机器语言或汇编语言编写运行速度快的程序；对于单片机应用、嵌入式系统和通信软件等是不可替代的；C语言的指针与计算机硬件的地址类似，是了解计算本质的钥匙；通过C语言的存储分配函数，可以深入了解计算机存储分配的原理。

1.1.4 实践训练

1. 以下不是C语言的特点的是(　　)。

   A. 语言简洁紧凑　　B. 能够编写出功能复杂的程序

   C. 语言可以直接对硬件操作　　D. 语言移植性好

2. 试指出计算机与计算器的区别？
3. 为什么程序要跳入内存后才能执行？

1.2 程序设计与算法

知识目标

(1) 了解程序设计的基本步骤和算法的概念。

(2) 了解如何进行算法设计。

(3) 了解如何用C语言来实现算法。

课程思政与素质

(1) 通过算法的学习，培养学生认真严谨的做事习惯。

(2) 通过软件开发，培养学生的耐心和实践精神。

项目要求

本节介绍程序设计的基本步骤和算法的概念，通过一些典型的算法例题，让学习者更加容易理解如何进行算法设计，然后通过具体的程序设计例题来分析如何用 C 语言实现算法从而完成程序设计。

1.2.1 程序设计基本概念

日常生活中，做任何事情都有一定的方法和程序，按照一定规则，一步一步进行，比如开会的议程、教师的教案等。在程序的指导下，可以有序地、有效地完成每一项工作。随着计算机的问世和普及，“程序”逐渐被专业化，通常特指为让计算机完成特定任务(如解决某一问题或执行某一过程)而设计的指令序列。

从程序设计的角度来看，每个问题都涉及两个方面的内容——数据和操作。“数据”泛指计算机要处理的对象，包括数据的类型、数据的组织形式和数据之间的相互关系，这些又被称为数据结构(data strueture)；“操作”是指处理的方法和步骤，也就是算法(algorithm)。编写程序所用的计算机语言称为程序设计语言。

一个程序应包含以下两方面内容：

① 对数据的描述，在程序中要指定数据的类型和数据的组织形式即数据结构。

② 对操作的描述，即操作步骤，也就是算法。

1.2.2 算法

(1) 算法的概念

算法反映了计算机的执行过程，是对解决特定问题操作步骤的一种描述。数据结构是对参与运算的数据及它们之间关系所进行的描述。算法和数据结构是程序的两个重要方面。因此著名的计算机科学家沃斯(Niklaus Wirth)提出一个著名公式来表达程序设计的实质：

程序＝算法＋数据结构

算法就是计算机解决某一个问题的具体方法和步骤。算法解决的是“做什么”和“怎么做”的问题。程序中的操作语句就是对算法的具体体现。算法是程序设计的灵魂，数据结构是加工和处理的对象。

(2) 算法的特性

【例 1－1】用计算机来计算求 5！的值。

算法 1：5！＝1＊2＊3＊4＊5

Step1：计算　1＊2＝＞2

Step2：计算　2 * 3=>6

Step3：计算　6 * 4=>24

Step4：计算　24 * 5=>120

算法就是进行操作的方法和步骤。通常，一个算法应该具有以下5个重要的特征：

① 有穷性

一个算法应包含有限的操作步骤，而不能是无限的。

② 确定性

算法中操作步骤的顺序和每一步的内容都应该是确定的，不应该是模糊的，即不能具有“二义性”。

③ 有零个或多个输入

所谓输入，是指在执行算法时需要从外界取得必要的信息，例如，求两个数的和，需要输入两个数，再计算它们的和。一个算法也可以没有输入。

④ 有一个或多个输出

算法的目的是求解，输出就可以得到结果。一个算法有一个或多个输出，以反映对输入数据加工后的结果。没有输出的算法是毫无意义的。

⑤ 有效性

算法中每一个步骤都应该能有效地执行，并得到确定的结果。

(3) 算法的描述

程序设计中常用的两种算法描述工具：流程图、N-S结构图。

① 流程图

流程图是算法的图形描述工具。它用一些几何图形来表示各种操作，直观形象易于理解，是最常用的一种描述算法的方法。美国国家标准化协会规定了一些常用的流程图符号，目前已为世界各国程序设计人员普遍采用，如图1-1所示。

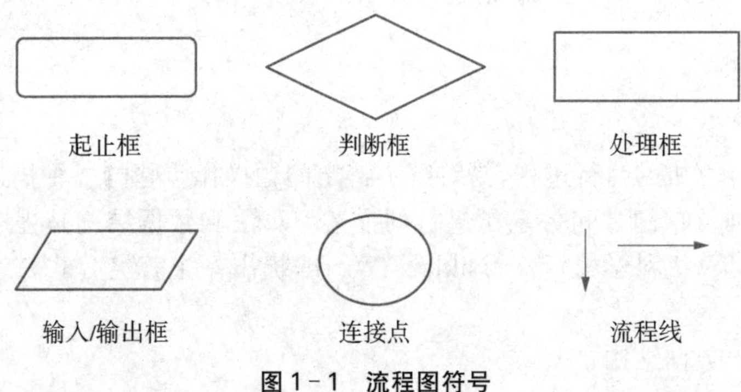

图1-1　流程图符号

起止框：表示程序的开始或结束。

输入/输出框：表示输入、输出操作。

判断框：表示对框内的条件进行判断操作，框内填写判断条件。

处理框：表示对框内的内容进行处理。

流程线：用带箭头的直线来表示流程的方向。

连接点：表示流程图的延续，通常用于换页处，表示两个具有同一标记的“连接点”应该连接成一个点，只是分开画了。

结构化程序设计的 3 种基本结构(图 1－2)：顺序结构、选择结构、循环结构。

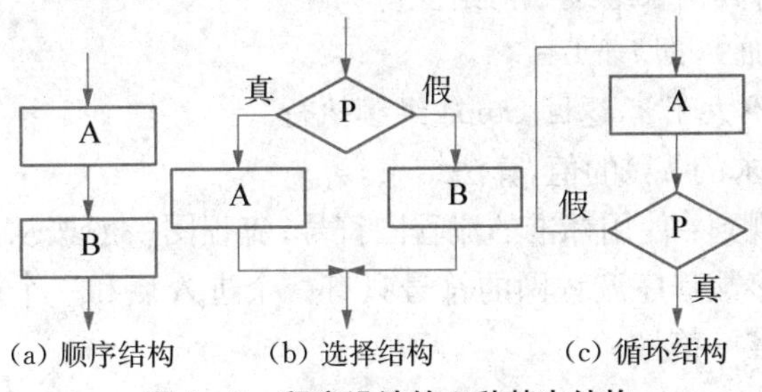

图 1－2　程序设计的 3 种基本结构

② N－S图

用 N－S 图描述 3 种基本结构，如图 1－3 所示。N－S 图的每一种基本结构都是一个矩形框，整个算法可以像搭积木一样搭成。

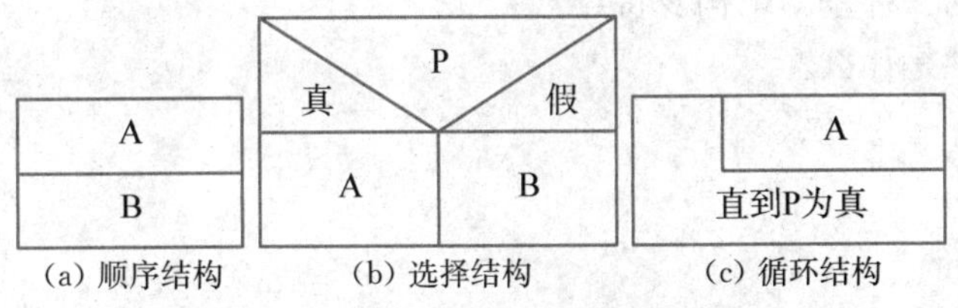

图 1－3　用 N－S 图描述 3 种基本结构

【例 1－2】用流程图表示计算 n！值中采用的循环算法，如图 1－4 所示。

计算 n！ 的算法

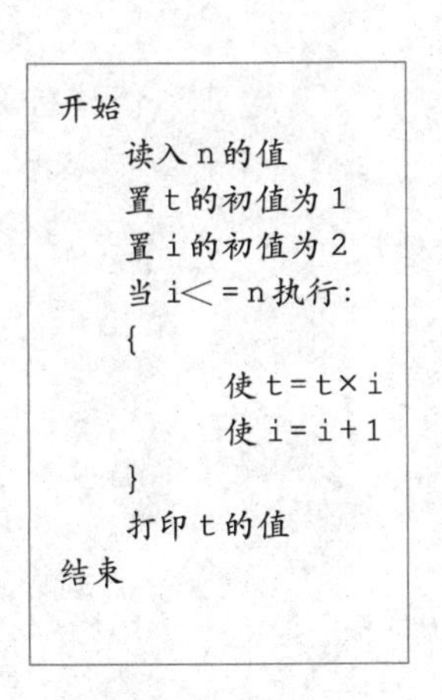

```
开始
    读入 n 的值
    置 t 的初值为 1
    置 i 的初值为 2
    当 i<=n 执行：
    {
        使 t=t×i
        使 i=i+1
    }
    打印 t 的值
结束
```

```
或
BEGIN
    read n
    1=>t
    2=>i
    while i<=n
    {
        t*i=>t
        i+1=>i
    }
    print t
END
```

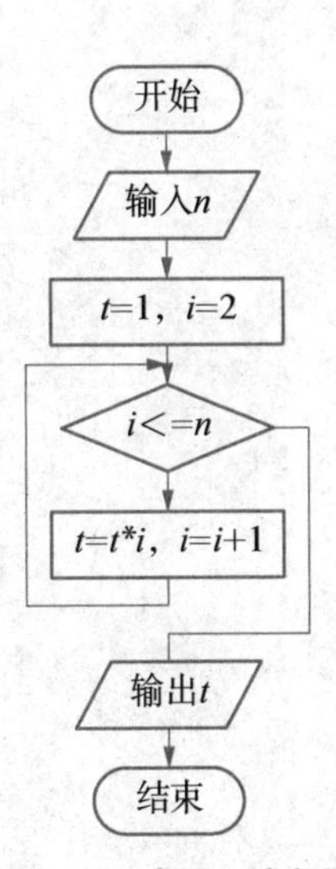

图 1－4　求 n！ 流程图

Step1：输入 n

Step2：使 $t=1$

Step3：使 $i=2$

Step4：求 $t*i$，将其结果继续赋值给变量 t

Step5：使 i 的值加 1，即 $i+1=>$i

Step6：若 i 的值不大于 n，返回 Step4 继续执行

Step7：输出 t（所求的 $n!$）的值，算法结束。

画程序流程图的规则：使用标准的流程图符号；流程图一般按从上到下，从左到右的方向画，除判断框外，大多数程序流程图的符号只有一个进入点和一个退出点，而判断框是具有超过一个退出点的唯一符号。

1.2.3 实践训练

1. 计算机算法指的是（　　）。

   A. 计算方法　　B. 排序方法

   C. 解决问题的有限运算序列　　D. 调度方法

2. 程序设计的 3 种基本结构及特点？

3. 算法的特性是什么？

项目1 选手成绩录入与计算

技能目标

(1) 学会在集成开发环境中编辑、编译、连接和运行C语言程序。
(2) 学会对数据进行正确的输入/输出并进行简单的汇总。

知识目标

(1) 理解C语言的标识符和数据类型。
(2) 掌握整型常量、整型变量、实型常量、实型变量、字符常量和字符变量等概念。
(3) 掌握输入/输出语句的基本用法。
(4) 掌握运算符和表达式的基本用法。

课程思政与素质

(1) 通过学习标识符的命名规则,引导学生遵守各项规章制度,遵守国家法律法规,做一个守法的好公民。

(2) 通过整型数据的溢出,培养学生做任何事都要有个度,即情感、情绪、理智处在平衡状态,不要过犹不及。

(3) 通过输入/输出语句中严格的格式要求,培养同学们养成认真务实的态度。

(4) 通过C语言编程环境中编程题的练习,让同学们养成一丝不苟的好习惯。

项目要求

输入选手的编号及评委的打分,求选手的总分及平均分。

程序的运行要求:

    输入选手编号及评委打分:1   58 68 74 85 41
    输出选手编号:1
    总分:326

说明:选手的编号及评委打分均可以任意输入。

项目分析

要完成选手信息的录入及评委打分，并计算选手的总分，首先，必须要学会输入选手信息及输出结果；其次，必须学会对评委输入的分数进行总分的计算，所以，该项目分解成两个任务：任务 1 是选手成绩输入/输出；任务 2 是选手总分计算。

任务 1　选手成绩输入/输出

2.1.1　任务的提出与实现

2.1.1.1　任务提出

对一位选手比赛的成绩进行管理，现需将选手的信息及成绩输入计算机，并按要求输出。

2.1.1.2　具体实现

【例 2－1】(假设只输入 1 名选手的信息及 5 位评委的打分)

```
#include "stdio.h"
main()
{
  int x1,x2,x3,x4,x5;
  int a;
  printf("选手编号\n");
  scanf("%d",&a);
  printf("请 5 位评委打分\n");
  scanf("%d %d %d %d %d",&x1,&x2,&x3,&x4,&x5);
  printf("%d 号选手,评委给出的分数为:\n",a);
  printf("%d   %d   %d   %d   %d\n",x1,x2,x3,x4,x5);
}
```

例 2－1 程序运行结果如图 2－1 所示。

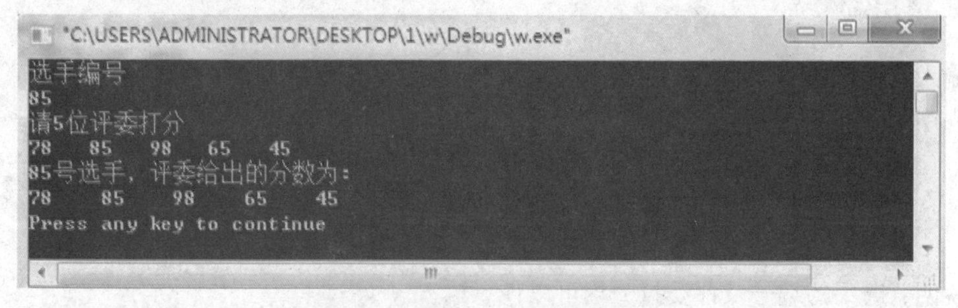

图 2－1　例 2－1 程序运行结果

从上面这段程序可分析出：

① 要了解C语言的运行环境。

② 要了解C语言的结构。

③ 要掌握C语言的数据类型。

④ 要懂得如何定义变量

⑤ 要会使用输入/输出语句。

2.1.2 相关知识

2.1.2.1 C语言的开发环境

一个好的编程环境能让大家直接写代码。全国计算机等级考试的考试大纲要求C语言的编辑环境是VC++ 6.0,多数计算机专业的初学者也把VC++ 6.0作为编辑环境,这是由于VC++ 6.0在Windows下运行友好,学习者更易于操作。本书选取VC++ 6.0作为C语言程序的开发工具。

运行C语言程序的步骤如图2-2所示,编辑C语言程序、编译C语言程序、程序链接及运行。

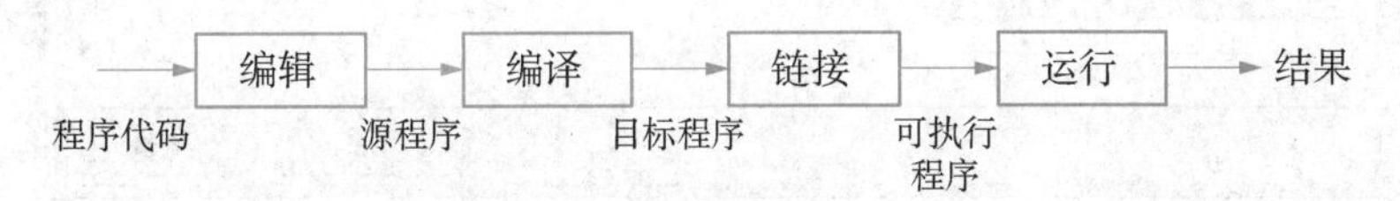

图2-2 运行C语言程序的步骤

源程序是用户根据问题的需要,按照某种计算机语言的编写规则而编写的代码,其扩展名为.cpp。源程序编写完成后,对源程序进行编译,把它翻译成机器可以识别的二进制文件即目标程序(Object Program),其扩展名为.obj。目标代码文件生成后,还要连接C语言库函数,产生可执行文件,其扩展名为.exe,可执行文件也是二进制文件。我们最终执行.exe文件,显示程序执行结果。

在VC++ 6.0中开发C程序的步骤如下。

(1) 启动Visual C++ 6.0

双击打开Visual C++ 6.0软件,界面如图2-3所示。

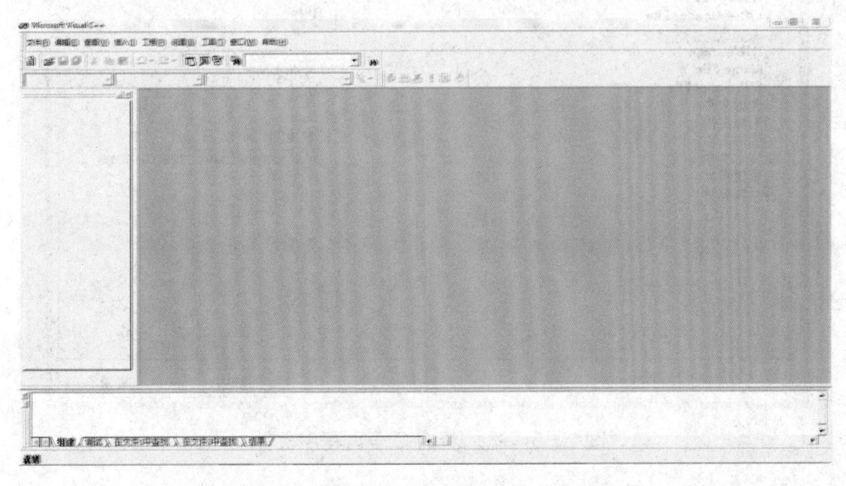

图2-3 Visual C++ 6.0集成开发环境的窗口

(2) 创建工程项目

① 进入 Visual C++ 6.0 环境后,选择主菜单"文件"中的"新建"选项,在弹出的对话框中单击上方的"工程"选项卡,选择"Win32 Console Application"工程类型,在"工程名称"栏中填写工程名,如 first,在"位置"栏中填写工程路径(目录),如图 2-4 所示,然后单击"确定"按钮。

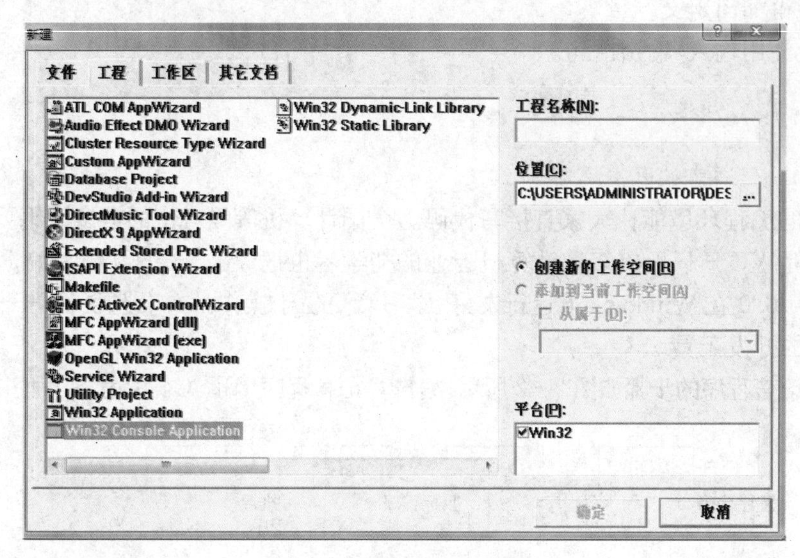

图 2-4 新建工程项目

② 随后系统会启用向导来给用户生成程序框架以便快速进入开发。作为初学者,选择"一个空工程"手动来添加工程文件,点击"完成"结束向导。弹出"新建工程信息"对话框,单击"确定"按钮完成工程创建。创建的工作区文件为 first.dsw 和新的工程。

(3) 新建 C 语言程序文件

选择主菜单"文件"中的"新建"选项,为工程添加新的 C 语言程序文件。打开如图 2-5

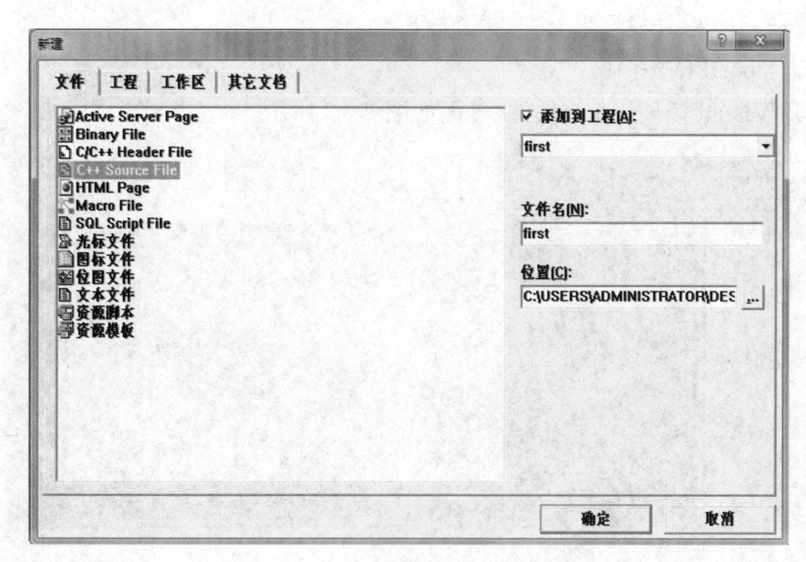

图 2-5 添加新的 C 语言程序文件

所示的“新建”对话框后，单击“文件”选项卡，选择“C++ Source File”项，在“文件名”栏填写新添加的源文件名，如first，在“位置”栏指定文件路径，单击“确定”按钮完成C语言程序的系统新建操作。注意：一定勾选“添加到工程”，将文件加载到工程中，此时文件窗口区域会自动打开源程序，可对该程序进行编辑。

(4) 编写源程序

对程序进行编辑，如图2-6所示。

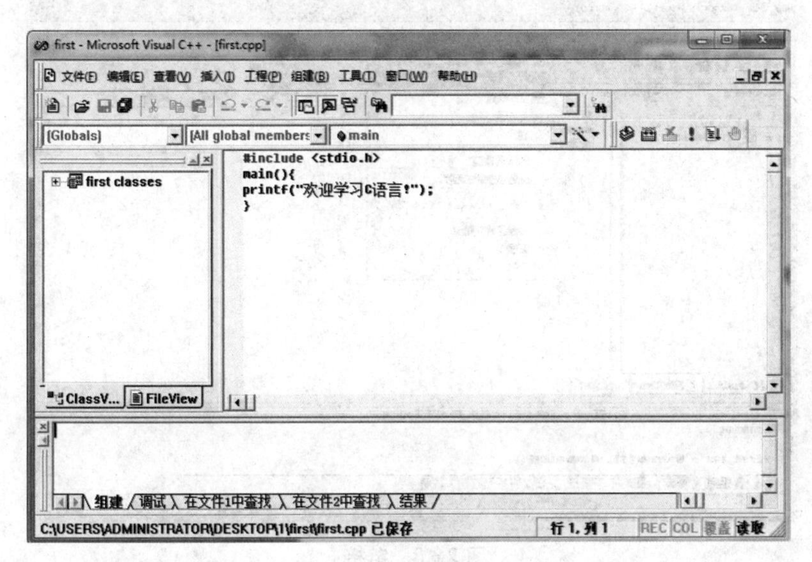

图2-6　编写源程序

(5) 编译

选择主菜单“组建”中的“编译”命令，或单击工具栏区域的“ ”图标，系统只编译当前文件而不调用链接器或其他工具，如图2-7所示。输出窗口将显示编译过程中检查出的错

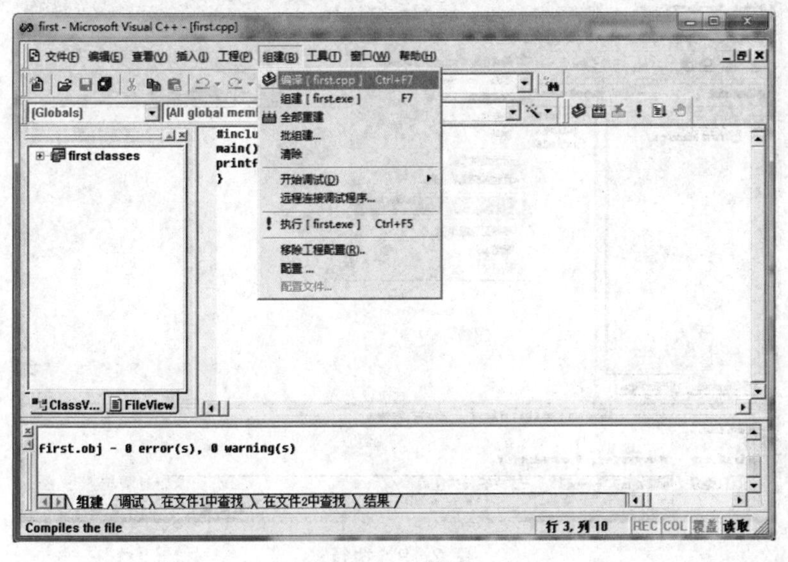

图2-7　编译

误或警告信息，在错误或警告信息处单击鼠标右键或双击鼠标左键，可以使输入焦点跳转到引起错误的源代码处，以便修改。

（6）链接

选择“编译”下方的“组建”命令，或单击工具栏区域的“ ”图标，对最后修改的源文件进行编译和链接，如图 2-8 所示。

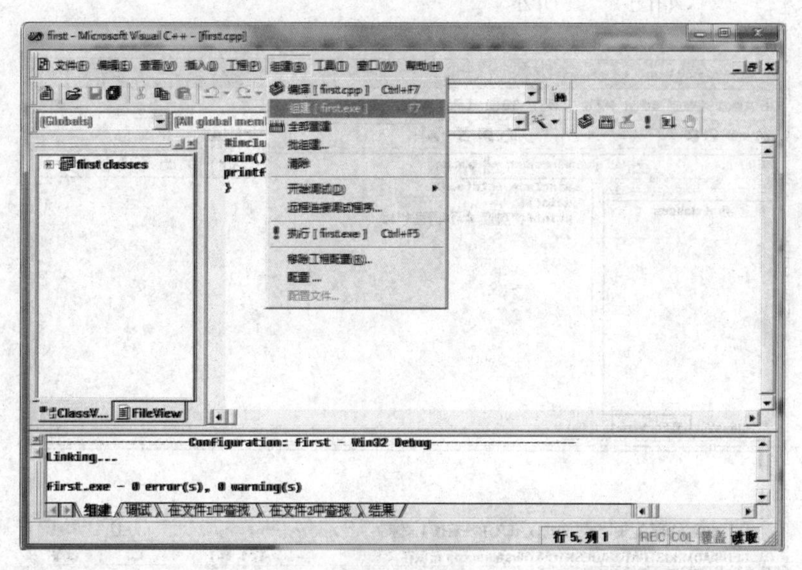

图 2-8 链接

（7）运行

选择“组建”中的“执行”命令，或单击工具栏区域的“ ! ”图标，执行程序，如图 2-9 所示。将会出现一个新的用户窗口，按照程序输入要求正确输入数据后，程序即可正确执行，

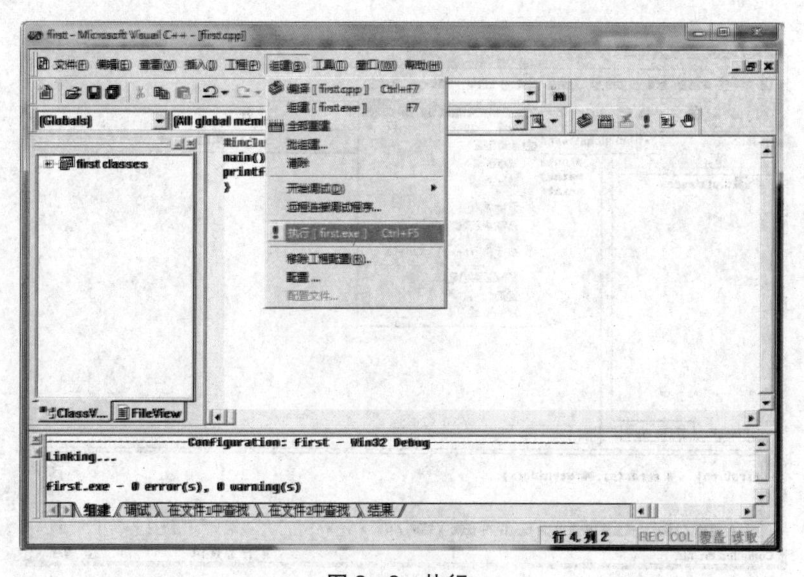

图 2-9 执行

用户窗口显示运行的结果，如图 2－10 所示。

图 2－10 执行结果

2.1.2.2 C 语言的结构

(1) 第一个 C 语言程序：Hello world!

学习一门程序设计语言往往都是从屏幕上输出简单的信息开始。一个输出简单信息的 C 语言程序如例 2－2 所示。

【例 2－2】编写程序，在屏幕上输出“Hello world!”。

```
#include<stdio.h>
void main()
{
        printf("Hello world!\n");
}
```

程序运行后的结果如图 2－11 所示。

图 2－11 例 2－2 程序运行结果

(2) 基本结构

C 语言程序由一个或多个函数组成，每个函数是完成一定功能的一段 C 语言语句，如例 2－2 中的 main()函数，因此，构成 C 语言程序的基本单位是函数。在构成 C 语言程序的所有函数中必须有且只有一个 main()函数即主函数，也就是说，一个 C 语言程序必须由至少一个函数组成，这个函数就是主函数。程序运行总是从主函数开始，在主函数结束。

在 C 语言程序中，除主函数外，其他函数的函数名由程序员确定，称为自定义函数。每个函数由函数类型、函数名和函数名后圆括号内的参数组成函数首部，其后在大括号中由若干条功能语句构成函数体。在最简单的情况下，函数的格式如下：

```
函数类型 函数名(参数)
{
        函数体
}
```

其中,圆括号内的参数既可以有一个或多个,也可以没有,但没有参数时,圆括号不能省略;函数体由若干条C语句构成,每条C语句以分号表示结束,而不是以换行表示一条语句结束。多数程序员都习惯在一条语句结束的地方换行,以增强程序的可读性。

自定义函数不能像主函数那样独立运行,它只能由主函数或其他函数调用运行。所谓调用,就是函数暂时中断本函数的执行,转去执行被调用函数的功能语句。当被调用函数执行完或遇到 return 语句时,必须返回原先中断执行的函数,继续执行该函数后面的语句。在这个过程中会发生原函数调用被调函数和被调函数返回原函数的情况,可见,函数之间就是互相调用和返回的关系,如例 2-3 所示。

【例 2-3】函数之间的调用与返回。

```
#include<stdio.h>
 int add(int x,int y)
  {
      return x+y;
  }
  int main()
  {
      int a=50,b=40;
      int c;
      c=add(a,b);/*调用 add()函数*/
      printf("a+b= %d\n",c);
      return 0;
  }
```

在例 2-3 中定义了一个两数相加的 add()函数,其参数是 x 和 y,称为形式参数。当主函数执行到“c=add(a,b);”时,中断主函数的执行,去执行 add()函数。add()函数中实现 x 与 y 相加,并由 return 将两个数相加的结果带回到调用它的函数中,接着再执行主函数中的 5 语句,程序执行后的结果是输出“a+b=90”。

总之,C语言程序是由一个或多个函数组成的,其中必须有且仅有一个名为 main()的主函数;程序的执行从主函数开始,在主函数结束,其他函数通过调用来执行;非主函数之间可以相互调用,但不能调用主函数;函数体是一段完成某个功能的 C 语句,每条语句由一个分号作为结束标志。

2.1.2.3 数据类型

由例 2-1 可知,“int x1,x2,x3,x4,x5;”意思为定义了 5 个整型变量。那么在 C 语言中还有哪些常用的数据类型？下面我们分别进行介绍。

1) 数据类型的分类

C语言的数据类型可分为：

① 基本类型，又分为整型、实型、字符型和枚举型4种，其中枚举型暂不介绍。

② 构造类型，又分为数组类型、结构类型和共用类型3种。

③ 指针类型。

④ 空类型。

其中整型、字符型、实型(浮点型)和空类型由系统预先定义，又称标准类型。

基本类型的数据又可分为常量和变量，它们可与数据类型结合起来分类，即整型常量、整型变量、实型(浮点型)常量、实型(浮点型)变量、字符常量、字符变量、枚举常量、枚举变量。

2) 常量

(1) 整型常量

整型常量就是整常数。在C语言中，使用的整常数有八进制、十六进制和十进制3种，使用不同的前缀来相互区分。

① 八进制整常数

八进制整常数必须以0开头，即以0作为八进制数的前缀。数码取值为0～7，如0123表示八进制数123，即$(123)_8$，等于十进制数83，即：$1*8^2+2*8^1+3*8^0=83$；－011表示八进制数－11，即$(-11)_8$，等于十进制数－9。

以下各数是合法的八进制数：

015(十进制为13)　0101(十进制为65)　0177777(十进制为65535)

以下各数不是合法的八进制数：

256(无前缀0)　　　0382(包含了非八进制数码8)

② 十六进制整常数

十六进制整常数的前缀为0X或0x，其数码取值为0～9，A～F或a～f。如0x123表示十六进制数123，即$(123)_{16}$，等于十进制数291，即：$1*16^2+2*16^1+3*16^0=291$；－011表示十六进制数－11，即$(-11)_{16}$，等于十进制数－17。

以下各数是合法的十六进制整常数：

0X2A(十进制为42)　0XA0(十进制为160)　0XFFFF(十进制为65535)

以下各数不是合法的十六进制整常数：

5A(无前缀0X)　　　0X3H(含有非十六进制数码)

③ 十进制整常数

十进制整常数没有前缀，数码取值为0～9。

以下各数是合法的十进制整常数：

237　　－568　　1627

以下各数不是合法的十进制整常数：

023(不能有前导0)　　　23D(含有非十进制数码)

程序中是根据前缀来区分各种进制数的，因此在书写常数时不要把前缀弄错，造成结果不正确。

(2) 实型常量

实型也称为浮点型,实型常量也称为实数或者浮点数。在C语言中,实数只采用十进制。它有2种形式,十进制数形式和指数形式。

① 十进制数形式

由数码0～9和小数点组成,例如:0.0,.25,5.789,0.13,5.0,300.,−267.8230等均为合法的实数。

② 指数形式

由十进制数加阶码标志“e”或“E”以及阶码(只能为整数,可以带符号)组成,其一般形式为aEn(a为十进制数,n为十进制整数),其值为$a*10^n$,如:2.1E5(等于$2.1*10^5$),3.7E−2(等于$3.7*10^{-2}$),−2.8E−2(等于$-2.8*10^{-2}$)。

以下不是合法的实数:

345(无小数点),E7(阶码标志E之前无数字),−5(无阶码标志),53.−E3(负号位置不对),2.7E(无阶码)。

C语言允许浮点数使用后缀。后缀为“f”或“F”即表示该数为浮点数,如356f和356.是等价的。

(3) 字符常量

字符常量是用单引号括起来的一个字符,例如‘a’,‘b’,‘A’,‘+’,‘?’都是合法字符常量。在C语言中,字符常量有以下特点:

① 字符常量只能用单引号括起来,不能用双引号或其他括号。

② 字符常量只能是单个字符,不能是字符串。

③ 字符可以是字符集中任意字符,但数字被定义为字符型之后就不再是原来的数值了,如‘5’和5是不同的量,‘5’是字符常量,5是整型常量。

(4) 符号常量

在C程序中,常量除了以自身的存在形式直接表示之外,还可以用标识符来表示常量。因为经常碰到这样的问题:常量本身是一个较长的字符序列,且在程序中重复出现,例如取常量的值为3.1415927,如果在程序中多处出现,直接使用3.1415927的表示形式,势必会使编程工作显得烦琐,而且当需要把常量的值修改为3.1415926536时,就必须逐个查找并修改。这会降低程序的可修改性和灵活性。因此,C语言中提供了一种符号常量,即用指定的标识符来表示某个常量,在程序中需要使用该常量时就可直接引用标识符。

C语言中用宏定义命令对符号常量进行定义,其定义形式如下:

```
#define 标识符常量
```

其中#define是宏定义命令的专用定义符,标识符是对常量的命名,常量可以是前面介绍的几种类型常量中的任何一种。使指定的标识符来代表指定的常量,这个被指定的标识符就称为符号常量。例如,在C程序中,要用PI代表实型常量3.1415927,用W代表字符串常量“Windows 98”,可用下面两个宏定义命令:

```
#define PI 3.1415927
#define W "Windows 98"
```

宏定义的功能是在编译预处理时，将程序中宏定义命令之后出现的所有符号常量用宏定义命令中对应的常量替代。例如，对于以上两个宏定义命令，编译程序时，编译系统首先将程序中除这两个宏定义命令之外的所有 PI 替换为 3.1415927，所有 W 替换为 Windows 98。因此，符号常量通常也被称为宏替换名。

习惯上人们把符号常量名用大写字母表示，而把变量名用小写字母表示。例 2-4 是符号常量的一个简单的应用，其中，PI 为定义的符号常量，程序编译时用 3.1416 替换所有的 PI。

【例 2-4】已知圆半径 *r*，求圆周长 *c* 和圆面积 *s* 的值。

```
#include<stdio.h>
#define PI 3.1416
main()
{   float r,c,s;
    scanf("%d",&r);
    c=2*PI*r;/*编译时用 3.1416 替换 PI*/
    s=PI*r*r;/*编译时用 3.1416 替换 PI*/
    printf("c=%6.2f,s=%6.2f\n",c,s);
}
```

3）变量

（1）变量的定义及命名规则

在程序执行过程中，取值可变的量称为变量。一个变量必须有一个名字，在内存中占据一定的存储单元，在该存储单元中存放变量的值。请注意变量名和变量值是两个不同的概念。变量名在程序运行中不会改变，而变量值会变化，在不同时期取不同的值。

变量的名字是一种标识符，它必须遵守标识符的命名规则。

C 语言对标识符的规定如下：

① 标识符由字母、数字、下划线组成。

② 必须以字母或下划线开头。

③ 用户自定义的标识符不得与系统关键字重名。

习惯上变量名用小写字母表示，以增加程序的可读性。必须注意的是大写字母和小写字母被认为是两个不同的字符，因此，sum 和 Sum 是两个不同的变量名，代表两个完全不同的变量。

在程序中，常量是可以不经说明而直接引用的，而变量则必须作强制定义（说明），即“先说明，后使用”。这样做的目的有以下几点：

① 凡未被事先定义的，不作为变量名，这就能保证程序中变量名使用得正确。例如，如果在定义部分写了 int count；而在程序中错写成 conut，如：conut=5；在编译时检查出 conut 未经定义，不作为变量名，因此输出“变量 conut 未经说明”的信息，便于用户发现错误，避免变量名使用时出错。

② 每一个变量被指定为某一确定的变量类型，在编译时就能为其分配相应的存储单元，如指定 a 和 b 为整型变量，则为 a 和 b 各分配两个字节，并按整数方式存储数据。

③ 每一变量属于一个类型，就便于在编译时据此检查所进行的运算是否合法，例如整

型变量 a 和 b 可以进行求余运算：

```
a%b
```

%是求余运算符，得到 a/b 的整余数。如果将 a 和 b 指定为实型变量，则不允许进行求余运算，编译时会指出有关出错信息。

(2) 整型变量

① 整型变量的分类

整型变量可分为基本型、短整型、长整型和无符号型 4 种。

基本型：类型说明符为 int，在内存中占 2 个字节(在 IBM-PC 上，下同)，其取值为基本整常数。

短整型：类型说明符为 short int 或 short，所占字节和取值范围均与基本型相同。

长整型：类型说明符为 long int 或 long，在内存中占 4 个字节，其取值为长整常数。

无符号型：类型说明符为 unsigned，存储单元中全部二进位(bit)用作存放数本身，而不包括符号。无符号型又可与上述 3 种类型匹配而构成：

a. 无符号基本型 类型说明符为 unsigned int 或 unsigned。

b. 无符号短整型 类型说明符为 unsigned short。

c. 无符号长整型 类型说明符为 unsigned long。

各种无符号类型变量所占的内存空间字节数与相应的有符号类型变量相同。但由于省去了符号位，故不能表示负数，但可存放的数的范围比一般整型变量中数的范围扩大一倍。表 2-1 列出了各类整型变量所分配的内存字节数及数的表示范围。

表 2-1 整型变量的字节数及表示范围

类型说明符	分配字节数	数 的 范 围
int	2	−32768～32767 即 -2^{15}～$(2^{15}-1)$
short[int]	2	−32768～32767 即 -2^{15}～$(2^{15}-1)$
long[int]	4	−2147483648～2147483647 即 -2^{31}～$(2^{31}-1)$
unsigned[int]	2	0～65535 即 0～$(2^{16}-1)$
unsigned short	2	0～65535 即 0～$(2^{16}-1)$
unsigned long	4	0～4294967295 即 0～$(2^{32}-1)$

② 整型变量的说明

变量的说明，即变量的定义，一般形式为：

```
类型说明符  变量名标识符 1, 变量名标识符 2, …;
```

在书写变量说明时，应注意以下几点：

a. 允许在一个类型说明符后，说明多个相同类型的变量，各变量名之间用逗号间隔。类型说明符与变量名之间至少用一个空格间隔。

b. 最后一个变量名之后必须以“;”号结尾。

c. 变量说明必须放在变量使用之前。一般放在函数体的开头部分。

另外,也可在说明变量为整型的同时,给出变量的初值,其格式为:

```
类型说明符 变量名标识符1=初值1,变量名标识符2=初值2,…;
```

通常若有初值时,往往采用这种方法。

【例2-5】

```
#include<stdio.h>
main()
{
int a=3,b=5;
printf("a+b=%d\n",a+b);
}
```

程序的运行结果如图2-12所示。

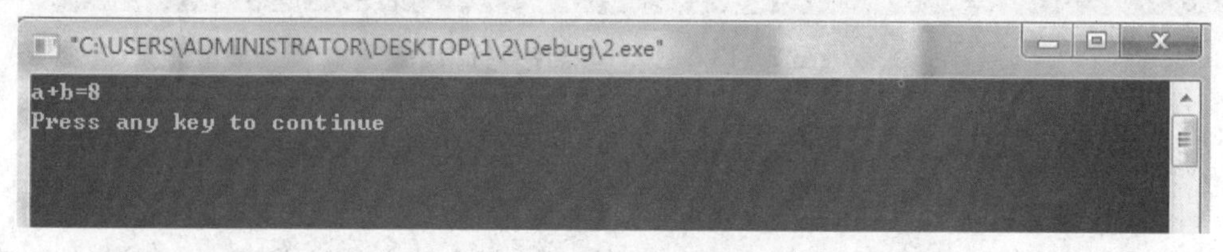

图2-12 例2-5程序运行结果

(3) 实型变量

① 单精度型

类型说明符为float,在Turbo C中单精度型占4个字节(32位)内存空间,其数值范围为3.4E−38～3.4E+38,只能提供7位有效数字。

② 双精度型

类型说明符为double,在Turbo C中双精度型占8个字节(64位)内存空间,其数值范围为1.7E−308～1.7E+308,可提供16位有效数字。

实型变量说明的格式和书写规则与整型相同。

例如:
```
float x,y;         /*x,y为单精度实型变量*/
double a,b,c;      /*a,b,c为双精度实型变量*/
```

也可在说明变量为实型的同时,给出变量的初值。

例如:
```
float x=3.2,y=5.3;              /*x,y为单精度实型变量,且有初值*/
double a=0.2,b=1.3,c=5.1;       /*a,b,c为双精度实型变量,且有初值*/
```

应当说明,实型常量不分单精度和双精度。一个实型常量可以赋予一个float或double型变量,根据变量的类型截取实型常量中相应的有效位数字。下面的例子说明了单精度实型变量对有效位数字的限制。

【例 2－6】单精度实型变量对有效位数字的限制。

```
#include<stdio.h>
main()
{
  float a;
  a = 0.123456789;
  printf("a = %f",a);
}
```

由于单精度实型变量只能接收 7 位有效数字，因此上例中最后 2 位小数不起作用。程序运行结果如图 2－13 所示。

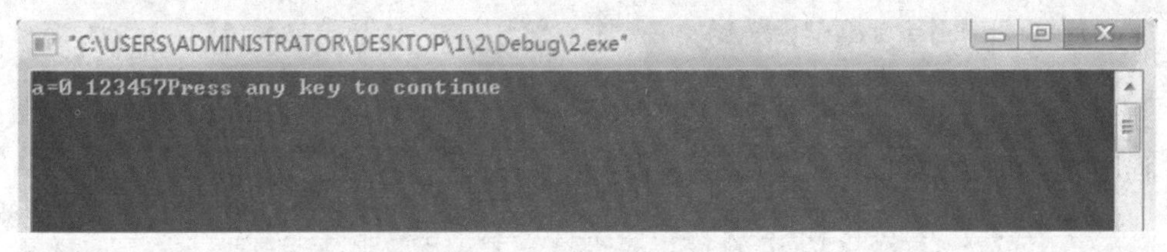

图 2－13　例 2－6 程序运行结果

如果 a 改为双精度实型变量，则能全部接收上述 9 位数字并存储在变量 a 中。

(4) 字符变量

字符型变量用来存放字符常量即单个字符。每个字符变量被分配 1 个字节的内存空间，因此只能存放 1 个字符而不是存放 1 个字符串。字符变量的类型说明符是 char。字符变量类型说明的格式和书写规则都与整型变量相同。

例如：

```
char a,b;            /* 定义字符变量 a 和 b */
a='x',b='y';         /* 给字符变量 a 和 b 分别赋值'x'和'y' */
```

将 1 个字符常量存放到 1 个变量中，实际上并不是把该字符本身存放到变量内存单元中去，而是将该字符相应的 ASCII 代码存放到存储单元中。例如，字符'x'的十进制 ASCII 代码是 120，字符'y'的十进制 ASCII 代码是 121。对字符变量 a，b 赋予'x'和'y'值：a='x'；b='y'；实际上是在 a，b 两个单元内存放 120 和 121 的二进制代码：

```
a   0 1 1 1 1 0 0 0        (ASCII 120)
b   0 1 1 1 1 0 0 1        (ASCII 121)
```

既然在内存中，字符数据以 ASCII 存储，它的存储形式与整数的存储形式类似，所以也可以把它们看成是整型变量。C 语言允许对整型变量赋以字符值，也允许对字符变量赋以整型值。在输出时，允许把字符数据按整型形式输出，也允许把整型数据按字符形式输出。以字符形式输出时，需要先将存储单元中的 ASCII 代码转换成相应字符，然后输出。以整数形式输出时，直接将 ASCII 代码当作整数输出，也可以对字符数据进行算术运算，此时相当于对它们的 ASCII 代码进行算术运算。

整型数据为二字节量，字符数据为单字节量，当整型数据按字符型数据处理时，只有低八位字节参与处理。

【例2-7】

```
#include<stdio.h>
main()
{
  char a,b;
  a=120;
  b=121;
printf("%c,%c\n%d,%d\n",a,b,a,b);
}
```

程序运行结果如图2-14所示。

图2-14 例2-7程序运行结果

在本程序中，说明a,b为字符型变量，但在赋值语句中赋以整型值。从结果看，a,b值的输出形式取决于printf函数格式串中的格式符，当格式符为"c"时，对应输出的变量值为字符，当格式符为"d"时，对应输出的变量值为整数。

【例2-8】

```
#include<stdio.h>
main()
{
  char a,b;
  a='x';
  b='y';
  a=a-32;              /*把小写字母换成大写字母*/
  b=b-32;              /*把小写字母换成大写字母*/
  printf("%c,%c\n%d,%d\n",a,b,a,b);  /*以字符型和整型输出*/
}
```

程序运行结果如图2-15所示。

在本例中，a,b被说明为字符变量并赋予字符值，C语言允许字符变量参与数值运算，即用字符的ASCII代码参与运算。由于大小写字母的ASCII代码相差32，即每个小写字母比

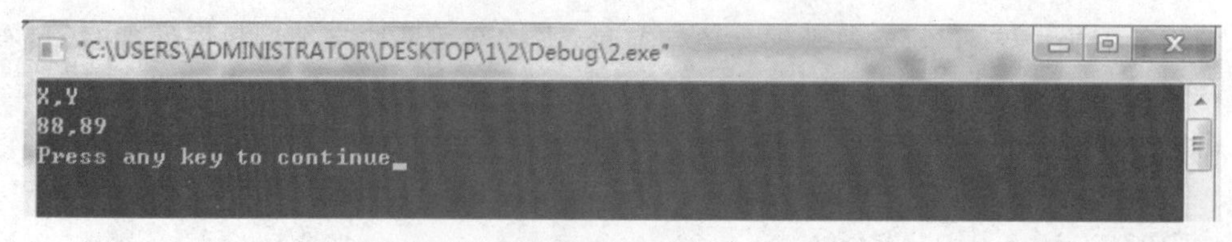

图 2-15 例 2-8 程序运行结果

它相应的大写字母的 ASCII 代码大 32,如'a'='A'+32,'b'='B'+32,因此,程序运算后把小写字母换成大写字母,然后分别以字符型和整型输出。

2.1.2.4 输入/输出函数

1) 格式化输出函数 printf()

printf()函数是格式化输出函数,一般用于向标准输出设备按规定格式输出信息。在编写程序时经常会用到此函数。printf()函数的调用格式为:

```
printf("格式控制字符串",输出列表);
```

其中格式控制字符串包括两部分内容:一部分是普通字符,这些字符将按原样输出;另一部分是格式化规定字符,以"%"开始,后跟一个或几个规定字符,用来确定输出内容格式。格式化规定字符如表 2-2 所示。

表 2-2 格式化规定字符

格式字符	说　明
d,i	以十进制形式输出有符号整数(正数不输出符号)
O	以八进制形式输出无符号整数(不输出前缀 0)
x	以十六进制形式输出无符号整数(不输出前缀 0x)
U	以十进制形式输出无符号整数
f	以小数形式输出单、双精度类型实数
e	以指数形式输出单、双精度实数
g	以%f 或%e 中较短输出宽度的一种格式输出单、双精度实数

输出列表是需要输出的一系列参数,其个数必须与格式化字符串所说明的输出参数的个数一样多,各参数之间用","分开,且顺序一一对应,否则将会出现意想不到的错误。修饰符如表 2-3 所示。

表 2-3 修饰符

格式字符	说　明
L 或 l	用于长整型,可加在格式符 d、o、x、u 之前
m(正整数)	指定输出项所占的字符数(域宽)
.n(正整数)	指定输出实型数据的小数位数,系统默认小数位数为 6 位

续 表

格式字符	说　明
0	指定数字前的空格用0填充
—或＋	指定输出项的对齐方式，—表示左对齐，＋表示右对齐

2）格式化输入函数scanf

scanf函数称为格式输入函数，即按照格式字符串的格式，从键盘上把数据输入到指定的变量之中。scanf函数调用的一般形式为：

```
scanf("格式控制字符串",输入项地址列表);
```

其中，格式控制字符串的作用与printf函数相同，但不能显示非格式字符串，也就是不能显示提示字符串。地址表项中的地址给出各变量的地址，地址是由地址运算符"&"后跟变量名组成的。

scanf函数中格式字符串的构成与printf函数基本相同，但使用时有几点不同。

① 在格式说明符中，可以指定数据的宽度，但不能指定数据的精度，例如：

```
float a;
scanf("%10f",&a);//正确
scanf("%10.2f",&a);//错误
```

② 输入long类型数据时必须使用%ld，输入double数据必须使用%lf或%le。

③ 附加格式说明符"*"使对应的输入数据不赋予相应的变量。

2.1.3 知识扩展

2.1.3.1 转义字符

除了字符常量外，C语言还允许用一种特殊形式的字符常量，即转义字符。转义字符以反斜线"\"开头，后跟一个或几个字符。转义字符具有特定的含义，不同于字符原有的意义，故称转义字符。例如，在前面各例中printf函数的格式串用到的"\n"就是一个转义字符，其意义是"回车换行"。转义字符主要用来表示那些用一般字符不便于表示的控制代码。常用的转义字符及其意义见表2-4。

表2-4 常用转义字符表

转义字符	转义字符的意义	转义字符	转义字符的意义
\n	回车换行	\\	反斜线符(\)
\t	横向跳到下一制表位置	\'	单引号符
\v	竖向跳格	\"	双引号符
\b	退格	\a	鸣铃
\r	回车	\ddd	1～3位八进制数所代表的字符
\f	走纸换页	\xhh	1～2位十六进制数所代表的字符

广义上讲，C语言字符集中的任何一个字符均可用转义字符来表示。表2-4中的\ddd和\xhh正是为此而提出的。ddd和xhh分别为八进制和十六进制的ASCII代码，如\101表示ASCII代码为八进制101的字符，即为字符'A'。与此类似，\102表示字符'B'，\134表示反斜线'\'，\XOA表示换行。

【例2-9】转义字符的使用

```
#include<stdio.h>
    void main()
    {
    int a,b,c;
    a=5;b=6;c=7;
    printf("%d\n\t%d  %d\n  %d  %d\t\b%d\n",a,b,c,a,b,c);
    }
```

程序运行结果如图2-16所示。

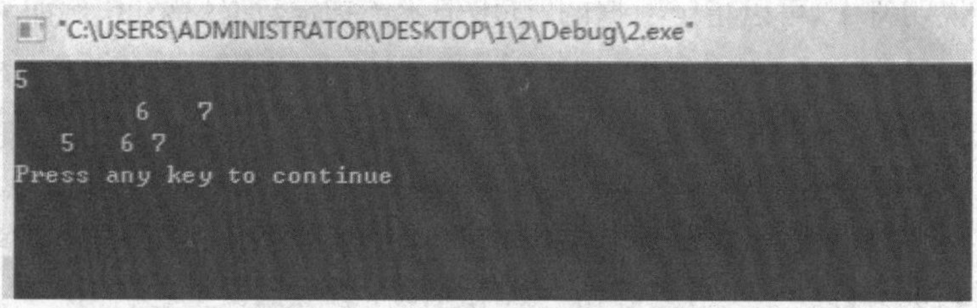

```
"C:\USERS\ADMINISTRATOR\DESKTOP\1\2\Debug\2.exe"
5
        6  7
  5   6 7
Press any key to continue
```

图2-16 例2-9程序运行结果

程序在第一列输出a值5之后就是"\n"，故回车换行；接着又是"\t"，于是跳到下一制表位置(设制表位置间隔为8)，再输出b值6；空两格再输出c值7后又是"\n"，因此再回车换行；再空两格之后又输出a值5；再空三格又输出b值6；再次后"\t"跳到下一制表位置(与上一行的6对齐)，但下一转义字符"\b"又使退回一格，故紧挨着6再输出c值7。

2.1.3.2 字符串常量

字符串常量是由1对双引号括起的字符序列，例如："CHINA"，"C program:"，"$12.5"等都是合法的字符串常量。可以输出1个字符串，如：

printf("Hello world!")；

初学者容易将字符常量与字符串常量混淆。'a'是字符常量，"a"是字符串常量，二者不同。假设c被指定为字符变量：

char c;　　c='a'；是正确的。

c="a"是错误的。c="Hello"也是错误的。不能把1个字符串赋予1个字符变量。

那么，'a'和"a"究竟有什么区别？C语言规定在每一个字符串的结尾加1个字符串结束标记，以便系统据此判断字符串是否结束，以字符'\0'作为字符串结束标记。'\0'是1个ASCII代码为0的字符，也就是"空操作字符"，即它不引起任何控制动作，也不是1个可显示的字符。

C语言中没有专门的字符串变量，字符串如果需要存放在变量中，需要用字符数组来存放，这将在后面的项目中进行介绍。

一般来说，字符串常量和字符常量之间主要有如下的区别：

① 字符常量由单引号括起来，字符串常量由双引号括起来。

② 字符常量只能是单个字符，字符串常量则可以含1个或多个字符。

③ 可以把1个字符常量赋予1个字符变量，但不能把1个字符串常量赋予1个字符变量。在C语言中没有相应的字符串变量。

④ 字符常量占1个字节的内存空间。字符串常量占的内存字节数等于字符串中字符数加1。增加的1个字节中存放字符'\0'(ASCII代码为0)，这是字符串结束的标志。

2.1.3.3 字符输入/输出函数

1）字符输出函数putchar

putchar函数是字符输出函数，其功能是在终端(显示器)输出单个字符，其一般调用形式为：

```
putchar(字符变量);
```

例：

```
putchar('A');         /*输出大写字母A*/
putchar(x);           /*输出字符变量x的值*/
putchar('\n');        /*换行*/
```

2）字符输入函数getchar

getchar函数的功能是接收用户从键盘上输入的1个字符，其一般调用形式为：

```
getchar();
```

getchar会以返回值的形式返回接收到的字符，通常的用法如下：

```
char c;               /*定义字符变量c*/
c=getchar();          /*将读取的字符赋值给字符变量c*/
```

2.1.4 举一反三

在本任务中，介绍了数据类型及输入/输出语句，下面通过实例进一步掌握前面所介绍的知识。

【例2-10】以下选项中不能作为合法常量的是(　　)。

A. 1.234e04　　B. 1.234e0.4　　C. 1.234e+4　　D. 1.234e0

答案：B

解析：C语言的语法规定，字母e(或E)之前必须有数字，且e(或E)后面的指数必须是整数，而选项B中e(或E)后面的指数是小数所以不合法。

【例2-11】数字字符0的ASCII值为48，若有以下程序：

```
#include <stdio.h>
main()
```

```
{char a = '1', b = '2';
printf(" %c,", b);
printf(" %d\n", b - a);
}
```

程序运行后的输出结果是(　　)。

A. 2,2　　B. 50,2　　C. 2,1　　D. 2,50

答案: C

解析: 在C语言中,字符型变量可以看作整型变量来对待。字符型变量中所存的数值是它所表示字符的ASCII代码值。ASCII代码中一些相关的字符是按顺序排列的,如字符'0'的ASCII代码值是48,'1'为49…本题程序一开始定义了两个字符变量a和b,并初始化为字符'1'和'2',由题可知,a和b中所存储的数值为49和50。第1条输出语句是将b的值以字符的形式输出,并在后面加1个字符','。此时b的值为50,即字符'2',所以先输出"2,"。第2条输出语句是将b—a的结果按整型的格式输出,并在后面加1个换行符'\n'。b—a的值是50—49=1,所以第2条输出语句输出"1\n"。两条输出语句合在一起就是"2,1\n",换行符'\n'不显示,所以最终显示为"2,1"。

【例2-12】有以下程序:

```
#include <stdio.h>
main()
{int m,n,p;
scanf("m = %dn = %dp = %d", &m, &n, &p);
printf(" %d%d%d\n", m, n, p);
}
```

若想从键盘上输入数据,使变量m的值为123,n的值为456,p的值为789,则正确的输入是(　　)。

A. m=123 n=456 p=789

B. n=456 m=123 p=789

C. m=123,n=456,p=789

D. 123 456 789

答案: A

解析: scanf()函数中格式控制字符串是为了输入数据用的,无论其中有什么字符,在输入数据时,按照一一对应的位置原样输入这些字符。

【例2-13】下列是用户自定义标识符的是(　　)。

A. _w1　　B. 3_xy　　C. int　　D. LINE-3

答案: A

解析: C语言规定用户标识符由英文字母、数字和下划线组成,且第1个字符必须是字母或下划线,由此可见选项B,D是错的;此外,C语言不允许用户将关键字作为标识符,而选项C中的int是C语言的关键字。

【例2-14】下列可用于C语言用户标识符的一组是(　　)。

A. void,define,WORD　　B. a3_b3,_123,Car

C. For,-abc,IF Case　　D. 2a,DO,sizeof

答案: B

解析: C语言规定标识符只能由字母、数字和下划线3种字符组成,且第1个字符必须为字母或下划线,排除选项C和D。C语言中还规定标识符不能为C语言的关键字,而选项A中void为关键字,故排除选项A。

2.1.5　实践训练

经过前面的学习,大家已了解了数据类型及scanf()和printf()的主要用法,下面自己动手解决一些实际问题。

2.1.5.1　初级训练

1. 编写C语言程序,用*号输出字母C的图案,如图2-17所示。

图2-17　字母C的图案

2. 最后一个printf语句的运行结果是________。

```
#include "stdio.h"
void main()
{ char c1 = 97,c2 = 98;int a = 97,b = 98;
  printf(" %3c, %3c\n",c1,c2);
  printf(" %d, %d\n",c1,c2);
  printf(" %c %c\n",a,b);
}
```

3. 完成以下填空,并调通程序,写出运行结果。

下面的程序计算由键盘输入的任意两个整数的平均值:

```
#include "stdio.h"
void main()
{ int x,y;
  ____________;
  scanf(" %d, %d",&x,&y);
```

```
    ___________;
    printf("The average is: %f ",a);
}
```

4. 输入并运行程序(上机前先分析程序编写结果,上机后作对照):

```
#include <stdio.h>
void main()
{
char c1 = 'a';
char c2 = 'b';
char c3 = 'c';
char c4 = '\101';
char c5 = '\116';
printf("a = %cb%c\tc%c\tabc\n",c1,c2,c3);
printf("\t\b%c %c",c4,c5);
}
```

可以改变程序中各变量的值,以便比较其差异。

5. 程序改错。

```
main();
{  int a;
   a = 5;
   printf("a = %d,a)
}
```

2.1.5.2 深入训练

1. 编写C语言程序,输出如图2-18所示的运行结果。

```
我爱学C语言!
告诉你学好C语言的秘笈:
编程! 编程! 再编程!
Press any key to continue
```

图2-18 程序运行结果

2. 编写1个程序,求高为5.4,半径为2.3的圆柱体的体积。
3. 输入2个数据,计算它们的和,并打印输出在屏幕上。

   说明:本题要求完成基本的键盘输入和屏幕输出的练习。

4. 设1个正圆台的上底半径为 r_1，下底半径为 r_2，高为 h。请设计1个程序，从键盘输入 r1，r2，h；计算并在显示器上输出该圆台的上底面积 s1、下底面积 s2、圆台的体积 V。

要求：

(1) r1，r2，h 用 scanf 函数输入，且在输入前要有提示。

(2) 在输出结果时要有文字说明，每个输出值占1行，且小数点后取2位数字。

思路点拨：

(1) 圆面积计算公式为　$s=\pi r^2$，其中 r 为圆半径。

(2) 圆台体积计算公式为　$V=\pi h({r_1}^2+{r_2}^2+r_1 r_2)/3$。

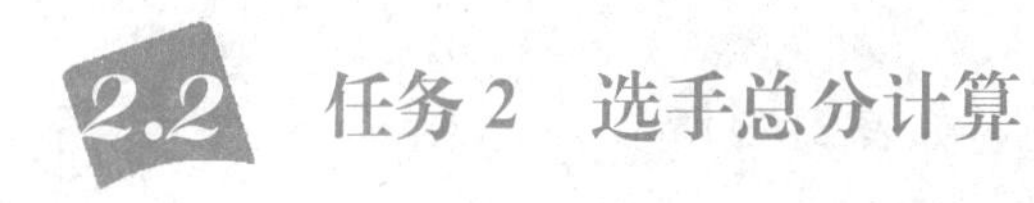

2.2 任务2　选手总分计算

2.2.1　任务的提出与实现

2.2.1.1　任务提出

对选手比赛的成绩进行管理，评委打分后，计算选手的总分并输出。

2.2.1.2　具体实现

【例2-15】(假设只输入1名选手的信息及5位评委的打分)

```
#include "stdio.h"
main()
{
  int  x1,x2,x3,x4,x5;
  int a,sum;
  printf("选手编号\n");
  scanf("%d",&a);
  printf("请5位评委打分\n");
  scanf("%d %d %d %d %d",&x1,&x2,&x3,&x4,&x5);
  sum = x1 + x2 + x3 + x4 + x5;
  printf("%d号选手的总分: %d\n",a,sum);
  }
```

例2-15程序运行结果如图2-19所示。

图2-19　例2-15程序运行结果

从上面这段程序可分析出：

① 要掌握C语言的算数运算符及表达式。

② 要掌握C语言的赋值运算符及表达式。

③ 要掌握C语言的逗号运算符及表达式。

④ 要会使用输入/输出语句。

⑤ 要会使用表达式解决实际问题。

2.2.2 相关知识

2.2.2.1 算数运算符与算数表达式

1）基本算数运算符

C语言基本算数运算符如表2-5所示。

表2-5 C语言基本算数运算符

名称	符号	说　明
加法运算符	＋	双目运算符，即应有两个量参与加法运算，如a＋b，4＋8等，具有右结合性
减法运算符	－	双目运算符，但“－”也可作负值运算符，此时为单目运算，如－x，－5等，具有左结合性
乘法运算符	*	双目运算符，具有左结合性
除法运算符	/	双目运算符，具有左结合性。参与运算量均为整型时，结果也为整型，舍去小数。如果运算量中有一个是实型，则结果为双精度实型
求余运算符（模运算符）	%	双目运算符，具有左结合性。要求参与运算的量均为整型，不能应用于float或double类型。求余运算的结果等于两数相除后的余数，整除时结果为0

注意：双目运算符＋和－具有相同的优先级，它们的优先级比运算符*、/和%的优先级低，而运算符*、/和%的优先级又比单目运算符＋（正号）和－（负号）的优先级低。

【例2-16】

```
#include "stdio.h"
main(){
  printf("\n\n%d,%d\n",20/7,-20/7);
  printf("%f,%f\n",20.0/7,-20.0/7);
  }
```

程序运行结果如图2-20所示。

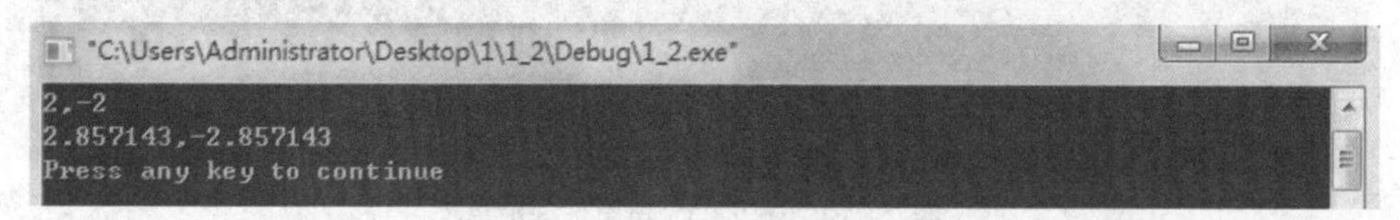

图2-20 程序运行结果

解析：本例中，20/7，－20/7 的结果均为整型，小数全部舍去，而 20.0/7 和－20.0/7 由于有实数参与运算，因此结果也为实型。

【例 2－17】

```
#include<stdio.h>
main(){
  printf("%d\n",100%3);
}
```

本例输出为 100 除以 3 所得的余数 1。

2) 算数表达式

由算术运算符和括号将运算对象(操作数)连接起来的，符合 C 语言语法规则的式子，称为算术表达式，其中操作数可以是常量、变量和函数等。算术表达式是构成 C 语言程序语句的一种最重要、最常见的表达式。

【例 2－18】

```
#include<stdio.h>
#include "math.h"
main()
{
int a,b,c;                                        /*定义3个整型变量*/
float root1, root2;                               /*定义两个单精度实型变量*/
a=10;                                             /*把10装入a变量中,即赋值语句
*/
b=600;                                            /*把600装入b变量中,即赋值语
句*/
c=5;                                              /*把5装入C变量中,即赋值语
句*/
root1=(b+sqrt(b*b-4*a*c))/(2*a);    /*求第1个实根,并装入root1
中*/
root2=(b-sqrt(b*b-4*a*c))/(2*a);    /*求第2个实根,并装入root2
中*/
printf("ROOT1=%f,ROOT2=%f\n",root1,root2);/*计算结果显示到屏幕上*/
}
```

程序中求根的两条语句是由算术表达式构成的语句，其中 sqrt 是求根函数。

算术表达式的书写和运算要注意以下几个问题：

① 乘法和除法的运算符为＊和/，不能写成×和÷，因为键盘上没有这两个键。

② 算术表达式的运算规则为“从左到右”，按运算符的优先级“从高到低”开始运算，同时要考虑数据类型是否要进行转换。

③ 整数除以整数其结果是舍去小数点后面的数，不进行四舍五入，例如，6.28/2+3/5的运算结果为3.14而非3.74，因为3/5的结果为0(小数部分被省略)。

④ 两整数相除时，如果其中1个为负数，例如－5/3，有些编译系统计算结果为－2，有些计算结果为－1，这是对小数部分的四舍五入不同处理造成的，但大多数按"向零取整"的方法处理，即－5/3为－1(因为－1比－2更靠近0)。

对于%(求余)的运算，有以下规定：

a. %只能进行整数的运算，即%的两边必须为整数，如7%4=3。

b. 计算结果的符号与%左侧运算对象的符号相同，如－7%4=－3。

c. %左侧操作数a小于右侧的操作数b时，有a%b=a，例如3%5=3。

⑤ 在算术表达式中经常使用圆括号来表示运算的次序，括号必须成对使用。

3）运算符的优先级

C语言中，运算符的运算优先级共分为15级，1级最高，15级最低。在表达式中，优先级较高的先于优先级较低的进行运算，而在1个运算量两侧的运算符优先级相同时，则按运算符的结合性所规定的结合方向处理。

运算符的结合性：C语言中各运算符的结合性分为两种，即左结合性(自左至右)和右结合性(自右至左)。例如算术运算符的结合性是自左至右即先左后右。如有表达式x－y+z则y应先与"－"号结合，执行x－y运算，然后再执行+z的运算，这种自左至右的结合方向就称为左结合性。自右至左的结合方向称为右结合性，最典型的右结合性运算符是赋值运算符，如x=y=z，由于"="的右结合性，应先执行y=z再执行x=(y=z)运算。C语言运算符中有不少为右结合性，应注意区别，以避免理解错误。

2.2.2.2 赋值运算符与表达式

1）基本赋值运算符

在C语言中，"="称为赋值运算符，其作用是将1个值(常量或表达式的运算结果)输入1个变量中存放起来。它是双目运算符，其运算方向为从右向左。

在C语言中，"="不再是数学公式中的"等于"，它和"+、－、*、/"等运算符一样，是具有一定操作(运算)功能(即赋予)的一种运算符。

"="运算符的运算级别低于除逗号运算符以外的所有运算符。

2）赋值表达式

由赋值运算符"="将1个变量和1个表达式(或常量)连接起来的式子称为赋值表达式，即：

```
变量 = 表达式(或常量)
```

赋值表达式的功能是计算表达式的值再赋予左边的变量。赋值运算符具有右结合性。

C语言规定：

① "="的左边只能是1个变量，不能是表达式或常量，如：a+b=c是错误的赋值表达式。

② 如果"="的右边是1个表达式，则先要按运算级别和运算方向计算表达式的值，然后把运算结果(1个常数)存放到"="左边的变量中。

③"="的右边为任何合法的表达式,也可以是另一个赋值表达式,即"="可以连用,如:a=b=c=d=5。

【例2-19】

```
x = a + b
w = sin(a) + sin(b)
```

因此a=b=c=5可理解为a=(b=(c=5))。

在其他高级语言中,赋值构成了一个语句,称为赋值语句,而在C语言中,把"="定义为运算符,从而组成赋值表达式。凡是表达式可以出现的地方均可出现赋值表达式。

例如:式子x=(a=5)+(b=8)是合法的。它的意义是把5赋予a,8赋予b,再把a,b相加,把和赋予x,故x应等于13。

在C语言中也可以组成赋值语句,按照C语言规定,任何表达式在其末尾加上分号就构成语句,因此如x=8;a=b=c=5;都是赋值语句,在前面各例中我们已多次使用过了。

3) 类型转换

如果赋值运算符两边的数据类型不相同,系统将自动进行类型转换,即把赋值号右边的类型换成左边的类型,具体规定如下:

① 实型赋予整型,舍去小数部分。前面的例子已经说明了这种情况。

② 整型赋予实型,数值不变,但将以浮点形式存放,即增加小数部分(小数部分的值为0)。

③ 字符型赋予整型,由于字符型为1个字节,而整型为2个字节,故将字符的ASCII码值放到整型量的低八位中,高八位为0。整型赋予字符型,只把低八位赋予字符量。

【例2-20】

```
#include <stdio.h>
main(){
  int a,c,b = 322;
  float x,y = 8.88;
  char c1 = 'k',c2;
  a = y;
  x = b;
  c = c1;
  c2 = b;
  printf("a = %d,x = %f,c = %d,c2 = %c \n",a,x,c,c2);
  }
```

程序运行结果如图2-21所示。

```
"C:\Users\Administrator\Desktop\1\1_2\Debug\1_2.exe"
a=8, x=322.000000, c=107, c2=B
Press any key to continue
```

图2-21 程序运行结果

本例表明了上述赋值运算中类型转换的规则。a为整型，赋予实型变量y值8.88后只取整数8。x为实型，赋予整型变量b值322后增加了小数部分。字符型量c1赋予c变为整型，整型变量b赋予c2后取其低八位成为字符型(b的低八位为01000010，即十进制66，按ASCII码对应于字符B)。

2.2.2.3 逗号运算符及逗号表达式

1) 逗号运算符级表达式

“，”是C语言的一种特殊运算符即逗号运算符，用逗号将多个表达式连接起来的式子称为逗号表达式。逗号表达式的一般形式为：

表达式1，表达式2，表达式3，…，表达式n

以下表达式都是合法的逗号表达式：

a=1，b=2，c=3

3+5，4+6

10，(a+b，3)，5

(a=3 * 5，a * 4)，a+5

逗号运算符的运算方向为从左到右，其运算级别是所有运算符中级别最低的一种。

2) 逗号表达式的求解

既然逗号表达式属于表达式中的1种，它必然会有1个运算结果。C语言规定逗号表达式的求解顺序为从左向右依次求解各表达式的值，最后1个表达式的值为整个表达式的值。

例如，逗号表达式(a=3 * 5，a * 4)，a+5的求解过程：先求a=3 * 5=15，再求表达式a * 4得60(注意a的值未变，仍为15)，则括号内的逗号表达式的值为60；第2步实际上就是求解新的逗号表达式60，a+5，由于第2个表达式的值为20，因此整个表达式的值为20。

注意理解以下两个表达式的不同：

x=(a=3，6 * 4)

x=a=3，6 * b

第1个表达式是1个赋值表达式：将1个逗号表达式的值放入变量x中，因为a=3，6 * 4的值为24，故x=24。

第2个表达式是1个逗号表达式，相当于(x=a=3)，6 * b，即由1个赋值表达式x=a=3和1个算术表达式6 * b构成，整个表达式的值为6 * b，但变量x=3。

3) 逗号表达式的应用

其实，逗号表达式就是把多个表达式“串接”起来。在许多情况下，使用逗号表达式的目的并不是想得到整个表达式的值，而是想得到各个表达式的值。逗号表达式可以用来对多个变量赋值。

逗号表达式经常用在for循环语句中的第1个表达式中，用来给多个变量赋初值。

并不是任何地方出现的逗号都是逗号运算符。

例如：printf(“%d，%d，%d\n”，a，b，c)；

printf()函数中的“a，b，c”并不是1个逗号表达式，它是printf()函数的3个参数，逗号只是这3个参数之间的分隔符。如果写成：

printf("%d,%d,%d\n",(a,b,c),b,c);

则其中的"(a,b,c)"就是1个逗号表达式,其值为c,因此上例相当于:

printf("%d,%d,%d\n",c,b,c);

因此,如果出现以上情况,必须认真分析,才能正确地理解程序的运算结果。

2.2.3 知识扩展

2.2.3.1 自增、自减运算符及其表达式

1) 自增和自减运算符

自增运算符:++

自减运算符:--

2) 自增、自减表达式

由++或--与1个变量构成的表达式称为自增或自减表达式:

++变量或变量++(如++i或i++)

--变量或变量--(如--i或i--)

3) 自增、自减表达式的作用

自增、自减运算符的作用是使变量的值增1或减1。因此,++i和i++相当于i=i+1,而--i或i--则相当于i=i-1。但++i与i++运算方式完全不一样:++i先执行i=i+1后再使用i的值(先增1再使用),i++是先使用i的值再执行i=i+1(先使用后增1)。自减与自增类似,--i是先减1再使用,i--是先使用再减1。

【例2-21】

```
#include <stdio.h>
main()
{
  int i = 3,j = 10,i1,i2,j1,j2;
  i1 = + + i;/* 先执行 i = i + 1 = 4,再赋给 i1,i1 = 4 */
  i2 = i+ +;/* 把 i = 4 赋给 i2 后再执行 i = i + 1 = 5 */
  j1 = - - j;/* 先执行 j = j - 1 = 9,再赋给 j1,j1 = 9 */
  j2 = j- -;/* 把 j = 9 赋给 j2 后再执行 j = j - 1 = 8 */
  printf("I1 = %d,I2 = %d,I = %d\n",i1,i2,i);
  printf("J1 = %d,J2 = %d,J = %d\n",j1,j2,j);
}
```

以上程序运行后输出结果为:

I1=4,I2=4,I=5

J1=9,J2=9,J=8

4) 需要注意的问题

① ++和--只能用于变量,该变量可以是整型,也可以是实型,不能是常量或表达式。如10++或(a+b)++都是不合法的。

② ＋＋和－－运算符为单目运算符，运算方向是“从右向左”，如表达式－i＋＋；该如何运算呢？因为负号运算符(－)与自加运算符(＋＋)同级别，而且都是“自右向左”运算，因此表达式相当于－(i＋＋)，即先自加运算再反号。

③ 在有＋＋和－－的表达式中，尽可能不要使用难于理解且容易出错的表达方式。

自增、自减运算符使用较为灵活，也容易出现一些人们“意想不到”的副作用，因此在编写程序时应使用简洁易懂、不会出现二义性的表达式。

2.2.3.2 复合赋值运算符及表达式

1) 复合赋值运算符

在赋值符“＝”之前加上其他二目运算符可构成复合赋值符，如＋＝、－＝、＊＝、/＝、%＝、<<＝、>>＝、&＝、^＝、|＝。

2) 复合赋值运算符构成的赋值表达式及其运算规则

由复合赋值运算符连接1个变量和1个表达式(或一个常量)所构成的式子，就是复合赋值表达式，即：

<变量><复合赋值运算符><表达式或常量>

其运算规则是：

a＋＝b 相当于 a＝a＋b

a－＝b 相当于 a＝a－b

a＊＝b 相当于 a＝a＊b

a/＝b 相当于 a＝a/b

a%＝b 相当于 a＝a%b

注意，上式中a必须是1个变量，而b可以是1个表达式或1个常数，例如：a＋＝5即为a＝a＋5。当b为1个表达式时，一定要注意其运算方法，例如：a＋＝100＋c＊d/e，展开为常规的赋值表达式则应为a＝a＋(100＋c＊d/e)，也就是复合运算符右边的表达式要用括号括起来参与运算。复合赋值运算符也可以连用。

【例2-22】

```
#include <stdio.h>
main()
{int a = 12;
a+ =a- =a*a;/*复合赋值运算符的连用*/
printf("A = %d\n",a);
  }
```

以上程序运行后输出：A＝－264，请自己分析其运算过程。

2.2.3.3 强制类型转换运算符

利用强制类型转换运算符可以将1个表达式、变量或常量转换成指定的数据类型，其一般形式为：

(类型名)(表达式)或(类型名)变量或常量

如：(float)a　　　　　　将变量 a 转换成单精度实型数据

　　(double)(5%3)　　　将 5%3 的值转换成双精度实型

注意：

① 以下两个表达式不一样。

(int)(x+y)(将表达式 x+y 的值转换为整型)

(int)x+y(将 x 转化为整型再与 y 相加)

② 书写格式一定要正确例如(int)x 不能写成 int(x)。

2.2.4 举一反三

在本任务中，介绍了算数运算符及表达式、赋值运算符及表达式、逗号运算符及表达式，下面通过实例来进一步掌握前面所介绍的知识。

【例 2-23】已知 char a;int b;float c;double d;则表达式 a-b+c-d 结果为(　　)型。

A. double　　B. float　　C. int　　D. char

答案：A

解析：C 语言中允许进行不同数据类型的混合运算，但在实际运算时，要先将不同类型的数据转化成同一类型再进行运算。类型转换的一般规则是：①运算中将所有 char 型转换成 int 型，float 型转换成 double 型；②低级类型服从高级类型，并进行相应的转换，数据类型由低到高的顺序为：char->int->unsigned->long->float->double；③赋值运算中最终结果的类型，以赋值运算符左边变量的类型为准，即赋值运算符右端值的类型向左边变量的类型看齐，并进行相应转换。

【例 2-24】执行以下语句的输出为(　　)。

```
int  x=15,y=5;
printf("%d\n",x%=(y%=2));
```

A. 0　　B. 1

C. 6　　D. 12

答案：A

解析：相当于 x=15;y=5;y%=2;x%=y;//y%=2 即求 y 除以 2 的余数为 1，x%=y;即求 x 除以 1 的余数是 0。

【例 2-25】逗号表达式的值(a=2*4,a*5),a-3 为________。

答案：5

解析：在这个逗号表达式中，先计算括号内的值，按从左到右的顺序，a 被赋值为 8，然后 a*5 是这个含括号的逗号表达式的值，然后再计算括号外的 a-3。a-3 等于 5，所以这个式子的结果为 5。注意分清一般表达式和赋值表达式。

【例 2-26】执行语句“x=(a=3,b=a--);”后，x,a,b 的值依次为________。

答案：3,2,3

解析：里面含有顺序运算符，首先计算 a=3，然后 b=a--，a 的值先赋值给 b，表达式的值为 b，也就是 x=b，然后 a 自减为 2，所以 x,a,b 的值分别为 3,2,3。

【例2-27】计算圆的面积。

```
#include<stdio.h>
#define PI 3.14159
main()
{
 float r, area;
 r=5.0;
 area=PI*r*r;
 printf("area=%f\n",area);
}
```

【例2-28】输入三角形的三条边边长,求三角形面积。

为方便计算,设输入的三条边边长 a,b,c 能构成三角形。已知三角形的面积公式为:

$$area=\sqrt{s(s-a)(s-b)(s-c)}$$

式中,$s=(a+b+c)/2$。

```
#include "stdio.h"
#include "math.h"
main()
{
 int a,b,c;
 float s, area;
 scanf("%d,%d,%d",&a,&b,&c);
 s=1.0/2*(a+b+c);
 area=sqrt(s*(s-a)*(s-b)*(s-c));
 printf("a=%d,b=%d,c=%d,s=%7.2f\n",a,b,c,s);
 printf("area=%7.2f\n)",area);
}
```

程序第7行中的sqrt()是求平方根的函数。当程序中要调用数学库中的函数时,必须在程序的开头加1条文件包含命令:

```
#include<math.h>
```

程序的运行结果如图2-22所示。

图2-22 程序运行结果

【例2-29】从键盘输入3个整数,输出这3个数并计算其平均值。

```
#include<stdio.h>
main()
{
 int  a,b,c;
 float average;
 printf("please input a,b,c:");
 scanf("%d%d%d",&a,&b,&c);
 printf("a=%d,b=%d,c=%d\n",a,b,c);
 average=(a+b+c)/3.0;
 printf("average=%.2f\n",average);
}
```

程序的运行结果如图2-23所示。

图2-23 程序运行结果

2.2.5 实践训练

经过前面的学习,大家已了解了算数运算符及表达式、赋值运算符及表达式、逗号运算符及表达式的主要用法,下面自己动手解决一些实际问题。

2.2.5.1 初级训练

1. 请写出下面程序的输出结果。

```
#include <stdio.h>
void main()
{int  i=6,a,b;
 printf("%d\n",++i);
 printf("%d\n",i++);
 a=--i;printf("%d\n",a);
 b=i--;printf("%d\n",b);
 printf("%d\n",-i++);
 printf("i=%d\n",i);
}
```

2. 用下面的 scanf()函数输入数据，使得 a=10，b=20，c1='A'，c2='a'，x=1.5，y=-3.75，z=67.8，请问在键盘上如何输入数据？

```
scanf("%5d%5d%c%c%f%f*f, %f",&a,&b,&c1,&c2,&x,&y,&z);
```

3. 取圆周率为 3.1415926，求圆面积。

要求：

① 圆周率定义为符号常量。

② 半径用 scanf()输入。

③ 分两行输出，先输出圆周率和半径，再输出面积。

4. 输入 2 个数分别赋予变量 a，b。然后，交换变量 a，b 的值再输出。

5. 从键盘输入 1 个 3 位整数，编写程序分别求出个位、十位、百位数，并分别显示输出。

2.2.5.2 深入训练

1. 输入一个 3 位正整数，然后反向输出对应的数。如输入 123，则输出 321。

要求：用 /、% 运算符。

2. 从键盘输入 3 个整数，输出这 3 个数并计算其平均值。

3. 编程实现如图 2-24 所示的运行结果。

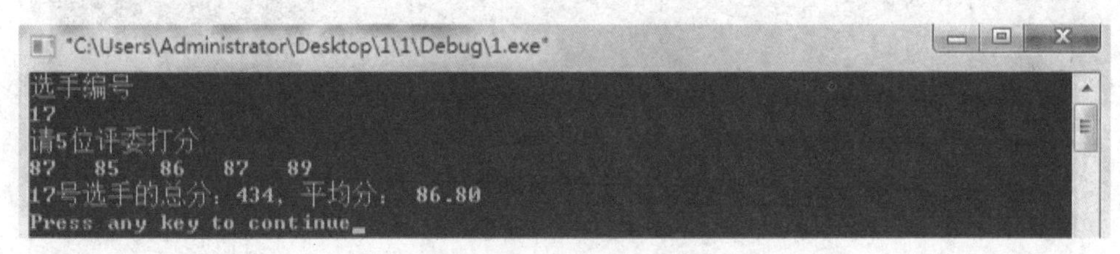

图 2-24 程序运行结果

要求：键盘输入选手编号，评委打分，计算总分和平均分并输出。

4. 编程序，输入 1 个华氏温度，要求输出摄氏温度。公式为：

$$C=\frac{5}{9}(F-32)$$

输出要有文字说明，取 2 位小数。

项目2 选手成绩最值计算

技能目标

具备运用分支程序解决实际问题能力。

知识目标

(1) 理解关系运算符、逻辑运算符、条件运算符的意义。
(2) 掌握 if 语句、if-else 以及嵌套语句的用法。
(3) 熟练使用 switch 语句。

课程思政与素质

(1) 通过分支语句的学习，培养学生逻辑思维能力。
(2) 通过判断选手成绩是否合法和求选手成绩最值，培养学生规则意识。
(3) 通过C语言编程环境中编程题的练习，让同学们养成一丝不苟的好习惯。

项目要求

选手计分规则：1.评委打分为0～10之间的数；2.去掉最高分和最低分后取平均值。求选手的最终得分。

程序的运行要求：

```
请输入评委的人数：4
请输入第1位评委的给分为：1
请输入第2位评委的给分为：2
请输入第3位评委的给分为：3
请输入第4位评委的给分为：4
减去一个最高分4.00和一个最低分1.00
该选手的最终得分为：2.50
```

要完成计算选手的最终得分，首先，要判断选手成绩的合法性，这需要学习关系运算符和表达式、逻辑运算符和表达式、if 语句和 if-else 等相关知识；其次，要找出选手成绩中的最高分和最低分，这需要学习 if 嵌套语句的用法；最后，求出去掉最高分和最低分后的平均值。所以，该项目的关键点是判断选手成绩的合法性及选手成绩的最值计算，我们可以将项目分解成两个任务：任务 1 是判断选手成绩的合法性；任务 2 是选手成绩最值计算。

3.1 任务1　判断选手成绩的合法性

3.1.1　任务的提出与实现

3.1.1.1　任务提出

输入一个选手的成绩，判断成绩是否在 0～10 范围内，是则直接输出成绩，不是则提示用户成绩输入错误。

3.1.1.2　具体实现

【例 3－1】(假设 1 位评委的打分)

```
#include "stdio.h"
void main()
{
    int  p;//存储选手成绩
    printf("请输入评委打分:");
    scanf("%d",&p);
    if(p>=0&&p<=10)
    {
        printf("选手的成绩为%d\n",p);
    }
    else
    {
        printf("成绩输入错误!\n");
    }
}
```

例 3－1 程序运行结果如图 3－1 所示。

从上面这段程序可分析出，同学们需要掌握的知识点如下：

① 关系运算符与关系表达式。

② 逻辑运算符与逻辑表达式。

图3-1 例3-1程序运行结果

③ if 语句。

④ if-else 语句。

3.1.2 相关知识

3.1.2.1 关系运算符与关系表达式

1) 关系运算符

关系运算符也称比较运算符，是关于数据大小比较的运算。C语言提供6种关系运算，详见表3-1。

表3-1 关系运算符

数学符号	C语言关系运算符	说明	优先级
>	>	大于	优先级别相同(高)
≥	>=	大于或者等于	
<	<	小于	
≤	<=	小于或者等于	
=	==	等于	优先级别相同(低)
≠	!=	不等于	

2) 关系表达式

关系表达式是用关系运算符将两个表达式连接起来的式子，其一般形式为：

表达式1 关系运算符 表达式2

该表达式在执行时，先计算“表达式1”和“表达式2”的值，然后进行比较，其结果是一个逻辑值“真”或者“假”，C语言中用1代表“真”，用0代表“假”，非0的全部为“真”。

【例3-2】编写程序，输出关系表达式的值(注意观察程序运行结果)。

```
#include<stdio.h>
void main()
{
  int a=1,b=2,c=3;
  printf("a>b的值为%d\n",a>b);       //输出关系表达式a>b的值
  printf("c==a+b的值为%d\n",c==a+b);//输出关系表达式c==a+b的值
  getch();
}
```

程序运行后的结果如图 3-2 所示。

图 3-2 例 3-2 程序运行结果

注意:

在程序中比较结果成立(为真)时,获得表达式的值为 1,比较结果不成立时,获得表达式的值为 0。关系运算符和算术运算符做混合运算时,先进行算术运算,再进行关系运算,关系运算的结果可继续参与后面的运算。

不要把关系运算符"=="误认为赋值运算符"="。比如,如果程序中判断 c 是否等于 a+b 的关系表达式"c==a+b",写为"c=3",那么它将永远为"真"(不管 c 原来的值是多少)。

3.1.2.2 逻辑运算符与逻辑表达式

1) 逻辑运算符

逻辑运算符是关于运算对象逻辑关系的计算,C 语言提供 3 种逻辑运算,详见表 3-2。

表 3-2 关系运算符

逻辑运算符	说明	举例	规则描述
&&	逻辑与	a&&b	当 a 和 b 的值都为"真"时,整个运算表达式才为"真",否则为"假"
||	逻辑或	a||b	当 a 和 b 的值都为"假"时,整个运算表达式才为"假",否则只要有一个为"真",表达式的结果即为"真"
!	逻辑非	!a	当 a 为"真",表达式的结果为"假",当 a 为"假",表达式的结果为"真"

2) 逻辑表达式

关系表达式只能描述单一条件,当选择判定条件有多个时,就需要用到逻辑表达式。逻辑表达式是用逻辑运算符将两个表达式连接起来的式子,其一般形式为:

```
表达式1  &&  表达式2
表达式1  ||  表达式2
!表达式
```

该表达式在执行时,先计算"表达式 1"和"表达式 2"或"表达式"的值,然后进行逻辑运算,其结果是一个逻辑值"真"或者"假",C 语言中用 1 代表"真",用 0 代表"假",非 0 的全部为"真"。逻辑运算的真值表如表 3-3 所示。

表 3-3　真值表

a	b	! a	! b	a||b	a&&b
非 0	非 0	0	0	1	1
非 0	0	0	1	1	0
0	非 0	1	0	0	1
0	0	1	1	0	0

【例 3-3】编写程序,输出逻辑表达式的值(注意观察程序运行结果)。

```
#include<stdio.h>
void main()
{
    int a=1,b=2,c=3;
    printf("a<=2&&a>=0 的值为%d\n",a<=2&&a>=0);//两个关系表达式做
逻辑与运算
    printf("c==a+b||a>b 的值为%d\n",c==a+b||a>b);//两个关系表达式
做逻辑或运算
    printf("!(a>b)的值为%d\n",!(a>b));     //关系表达式做逻辑非运算
    getch();
}
```

程序运行后的结果如图 3-3 所示。

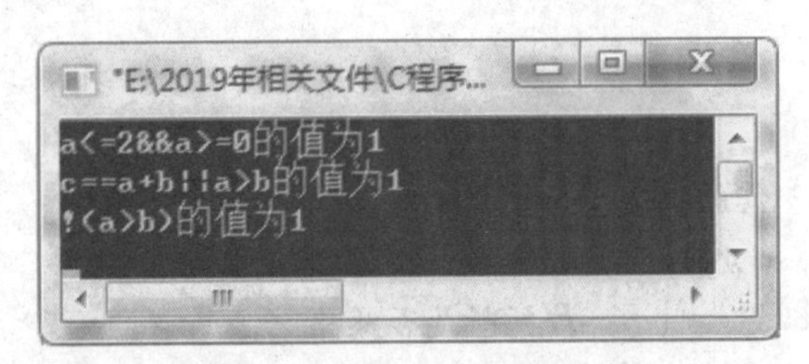

图 3-3　例 3-3 程序运行结果

注意:

要正确书写逻辑表达式,在数学中表示范围的式子:$0 \leqslant a \leqslant 2$,在 C 语言中如果写成下面的表达式:

```
0<=a<=2
```

这是错误的。这种错误是一种语义上的错误,不是语法上的错误,编译器查不出来。运行时不论 a 为何值,表达式的值都为"真"。正确的写法应该是:

```
a<=2&&a>=0
```

3.1.2.3 单分支和双分支选择结构

1）单分支 if 语句

if 语句是最基本、最平常的分支结构语句，它的语法格式如下：

```
if(条件表达式)
{
    语句块(条件成立的情况下执行的语句)
}
```

其语义是如果“条件表达式”成立，就执行“语句块”，否则什么也不做。此处的“语句块”可以是单条语句，也可以是多条语句。如果是单条语句，大括号可以省略，如果是多条语句，大括号一定不能省略。if 语句的流程图如图 3-4 所示。

图 3-4 if 语句流程图

【例 3-4】编写程序，判断学生成绩是否及格，如果及格，则输出“恭喜您，通过了考试!”。

解题步骤：

① 定义 int 变量 score，用来存储学生的成绩。

② 提示用户输入成绩。

③ 从键盘输入 1 个整数放入 score。

④ 判断如果 score≥60，则输出“恭喜您，通过了考试!”。

程序代码：

```
#include<stdio.h>
void main()
{
  int score;
  printf("请输入您的成绩:");
  scanf("%d",&score);    //输入一个整数,为 score 赋值
  if(score>=60)          //判断是否及格
  {
      printf("恭喜您,通过了考试!");
  }
  getch();
}
```

程序运行后的结果如图 3-5 所示。

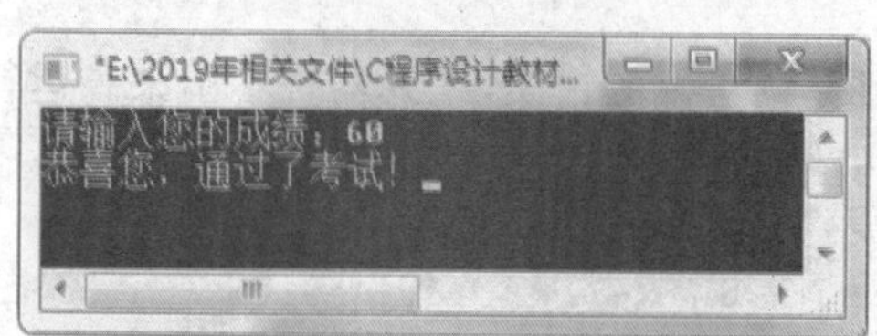

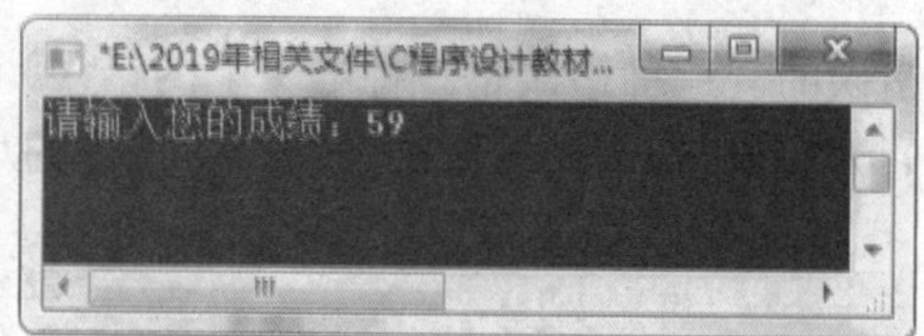

图 3-5 例 3-4 程序运行结果

注意:

① if 后面的条件表达式一定要有圆括号(),圆括号后不能有分号;。

② 条件成立的情况下执行的语句体,多条语句一定要用大括号{}括起来,单条语句可省略,此例中即可省略大括号。

③ if 语句通常用于处理一些简单的判断,条件成立的情况下,执行语句,否则什么也不做。

2) 双分支 if-else 语句

if-else 语句是标准的 if 语句,用来实现双分支选择结构,它的语法格式如下:

```
if(条件表达式)
{
    语句块 1(条件成立的情况下执行的语句)
}
else
{
    语句块 2(条件不成立的情况下执行的语句)
}
```

其语义是如果"条件表达式"成立,就执行"语句块 1",否则就执行"语句块 2"。此处的"语句块 1"和"语句块 2"可以是单条语句,也可以是多条语句,如果是单条语句,大括号可以省略,如果是多条语句,大括号一定不能省略。if-else 语句的流程图如图 3-6 所示。

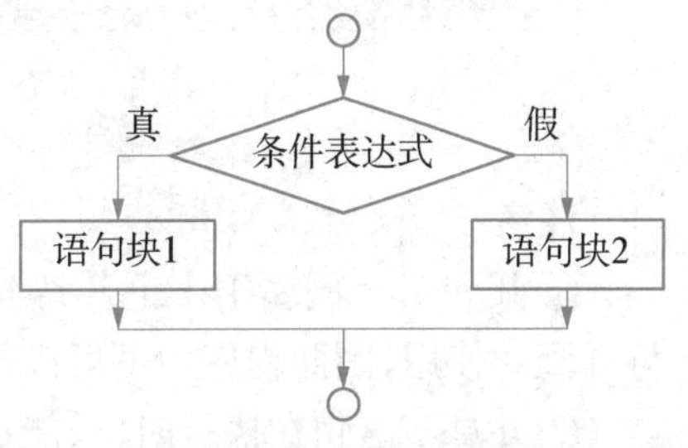

图 3-6 if-else 语句流程图

【例 3-5】编写程序,判断学生成绩是否及格,如果及格,则输出"恭喜您,通过了考试!";否则就输出"很遗憾,准备补考吧!"。

解题步骤:

① 定义 int 变量 score,用来存储学生的成绩。

② 提示用户输入成绩。

③ 从键盘输入 1 个整数放入 score。

④ 判断如果 score≥60,则输出"恭喜您,通过了考试!";否则输出"很遗憾,准备补考吧!"。

程序代码:

```
#include<stdio.h>
void main()
{
  int score;
  printf("请输入您的成绩:");
```

```
    scanf("%d",&score);      //输入一个整数,为score赋值
    if(score>=60)            //判断是否及格
    {
        printf("恭喜您,通过了考试!");
    }
    else
    {
        printf("很遗憾,准备补考吧!");
    }
    getch();
}
```

程序运行后的结果如图 3-7 所示。

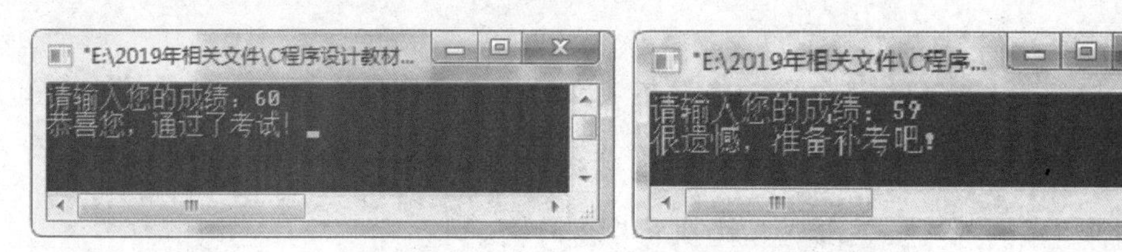

图 3-7 例 3-5 程序运行结果

注意:

① if 和 else 同属于 1 个 if 语句,else 不能作为语句单独使用,它只是 if 语句的一部分,与 if 配对使用,因此程序中不可以没有 if 而只有 else。

② if-else 语句在执行时,只能执行与 if 有关的语句或者执行与 else 有关的语句,而不可能同时执行两者。

③ if 语句的表达式可以是任意类型的 C 语言的合法表达式,除常见的关系表达式或逻辑表达式外,也允许是其他类型的数据,如整型、实型、字符型等。

3.1.3 知识扩展

条件运算符和条件表达式:在 C 语言中有一种特殊的运算符,由"?"和":"组成,在某种程度上可以起到逻辑判断的作用,因此称为条件运算符也称为三元(目)运算符。由条件运算符构成的表达式称为条件表达式,可以用来实现双分支选择结构问题。

```
条件运算符: ?:
```

条件表达式的语法格式如下:

```
表达式1?表达式2: 表达式3
```

其语义为当"表达式 1"的值为"真"时,条件表达式的值为"表达式 2"的值;当"表达式 1"的值

为“假”时，条件表达式的值为“表达式 3”的值。

【例3-6】编写程序，求2个数的最大值和最小值。

解题步骤：

① 定义 int 变量 a,b，分别用来存储 2 个整数。

② 定义 int 变量 max,min，分别存储 2 个数中的最大值和最小值。

③ 提示用户输入 2 个整数。

④ 从键盘输入 2 个整数分别放入 a,b 中。

⑤ 比较 a 和 b，大的放入 max 中。

⑥ 比较 a 和 b，小的放入 min 中。

⑦ 输出 max 和 min。

程序代码：

```
#include<stdio.h>
void main()
{
  int a,b;
  int max, min;       //max 存放大值,min 存放小值
  printf("请输入 2 个整数:");
  scanf("%d%d",&a,&b);
  max = a>b?a:b;      //将条件表达式的值赋给 max
  min = a<b?a:b;      //将条件表达式的值赋给 min
  printf("%d和%d的最大值为: %d;最小值为: %d",a,b,max,min);
  getch();
}
```

程序运行后的结果如图 3-8 所示。

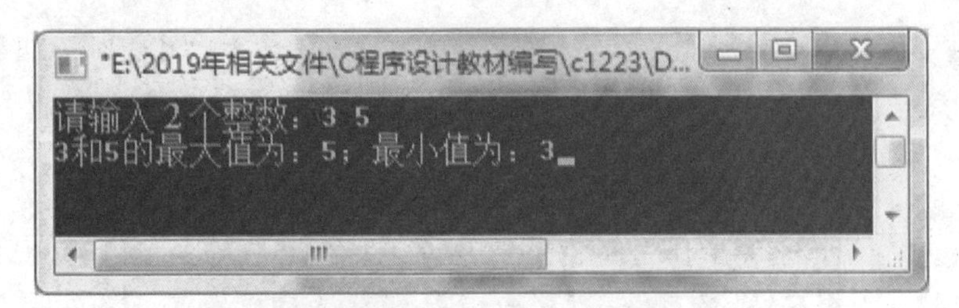

图3-8　例3-6程序运行结果

求 2 个数的最大值和最小值，是一个双分支选择结构问题，以条件表达式 max＝a＞b? a：b 为例，其执行过程：如果 a＞b 成立(表达式 1 的值为“真”，最大值为 a)，max＝a(条件表达式的值是表达式 2 的值)，否则(最大值为 b) max＝b(条件表达式的值是表达式 3 的值)。

注意：

条件运算符的优先级高于赋值运算符，但低于关系运算符和算术运算符。

3.1.4 举一反三

在本任务中，学习了分支结构的相关知识，下面通过实例来进一步掌握前面所介绍的知识。

【例3-7】编写程序，用if语句实现求2个数的最大值。

程序代码：

```
#include<stdio.h>
void main()
{
   int a,b;
   int max;     //max存放大值
   printf("请输入两个整数:");
   scanf("%d%d",&a,&b);
   max=a;
   if(max<b)
   {
     max=b;
   }
   printf("%d和%d的最大值为: %d",a,b,max);
   getch();
}
```

程序运行后的结果如图3-9所示。

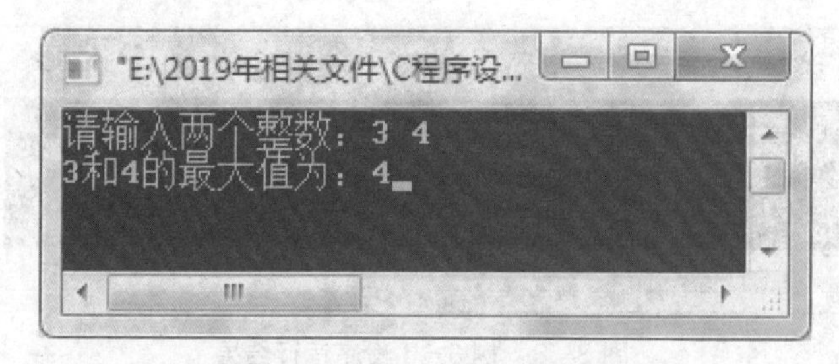

图3-9 例3-7程序运行结果

【例3-8】编写程序，用if-else语句实现求2个数的最大值和最小值。

程序代码：

```
#include<stdio.h>
void main()
```

```
{
  int a,b;
  int max, min;     //max存放大值,min存放最小值
  printf("请输入两个整数:");
  scanf("%d%d",&a,&b);
  if(a>b)
  {
    max=a;
    min=b;
  }
  else
  {
    max=b;
    min=a;
  }
  printf("%d和%d的最大值为: %d;最小值为: %d",a,b,max,min);
  getch();
}
```

程序运行后的结果如图 3-10 所示。

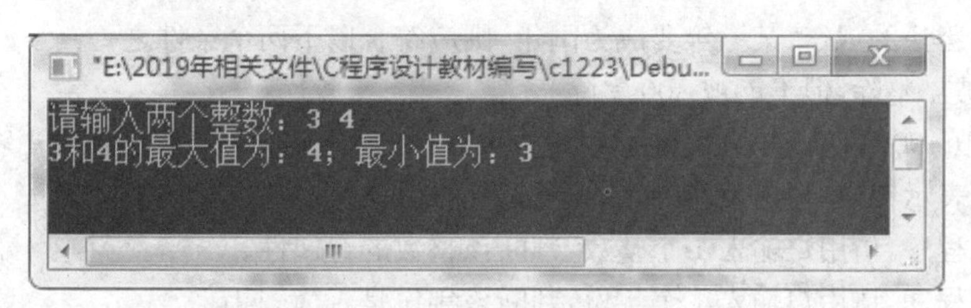

图 3-10 例 3-8 程序运行结果

【例 3-9】编写程序,从键盘输入 1 个整数,使用条件表达式语句,计算其绝对值。思路:若该整数为非负数,则其绝对值为其本身;若该整数为负数,则其绝对值为其相反数。

程序代码:

```
#include<stdio.h>
void main()
{
  int num, abs;     //num存储一个整数,abs存储该整数的绝对值
  printf("请输入一个整数:");
  scanf("%d",&num);
  abs=num>=0 ? num: -num;
```

```
    printf("%d的绝对值是: %d\n",num,abs);
    getch();
}
```

程序运行后的结果如图3-11所示。

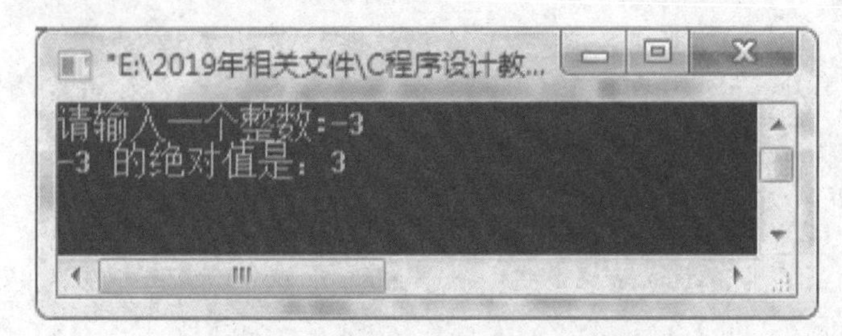

图3-11 例3-9程序运行结果

3.1.5 实践训练

经过前面的学习,大家已了解了关系运算表达式、逻辑运算表达式、条件表达式、if语句和if-else语句等相关知识的主要用法,下面自己动手解决一些实际问题。

3.1.5.1 初级训练

1. 写出"成绩高于90分并且年龄小于20岁"的条件表达式(成绩用score表示,年龄用age表示)。

2. 按照历法的规定,某一年要成为闰年,则应符合以下两个条件之一:

(1) 能被4整除,但不能被100整除。

(2) 能被400整除。

设year表示年份,写出表达闰年的逻辑表达式。

3. 编写程序,请用户输入1个整数,判断该整数的奇偶性。

4. 编写程序,请用户输入1个年份,判断该年份是否为闰年。

5. 编写程序,从键盘输入1个字符,如果是大写字母,就转换为小写;如果是小写字母,就转换成大写;如果是其他字符,就保持原样并将结果输出。

3.1.5.2 深入训练

1. 编写一个程序,功能是从键盘输入3个整数,打印出其中最大的值。

2. 从键盘输入1个数,判断它的正负。是正数,则输出"+";是负数,则输出"-"。

3. 编写程序,输入小孩性别(1: 男;0: 女)和父母的身高,预测小孩的身高。男孩身高=(父亲身高+母亲身高)×1.08÷2(厘米);女孩身高=(父亲身高×0.923+母亲身高)÷2(厘米)。

4. 某超市为了促销,规定:购物不足100元的按原价付款,超过100元的,超过部分按8折付款。编一个程序完成超市的自动计费的工作。

任务 2　选手成绩最值计算

3.2.1　任务的提出与实现

3.2.1.1　任务提出

评委为某位选手打分，假设有 4 位评委，编程输入 4 位评委的打分，求其中的最大值及该选手成绩的最大值。要求：判断成绩是否在 0～10 范围内，是则求最大值，不是则提示用户成绩输入错误。

3.2.1.2　具体实现

【例 3－10】(假设 4 位评委的打分)

```
#include<stdio.h>
void main()
{
    int p1,p2,p3,p4;                                    //存储四位评委的打分
    int maxp;                                           //存储评委打分的最大值
    printf("请输入第 1 位评委的给分为:\n");
    scanf("%d",&p1);
    printf("请输入第 2 位评委的给分为:\n");
    scanf("%d",&p2);
    printf("请输入第 3 位评委的给分为:\n");
    scanf("%d",&p3);
    printf("请输入第 4 位评委的给分为:\n");
    scanf("%d",&p4);
    if((p1>=0&&p1<=10)&&(p2>=0&&p2<=10)&&(p3>=0&&p3<=10)&&(p4
>=0&&p4<=10))
    {
            maxp=p1;
            if(maxp<p2)
            {
                    maxp=p2;
            }
            if(maxp<p3)
            {
                    maxp=p3;
            }
            if(maxp<p4)
```

```
                {
                        maxp = p4;
                }
        }
        else
        {
                printf("评委给分成绩输入错误!\n");
        }
        printf("选手的最高成绩为%d\n",maxp);
        getch();
}
```

例3-10程序运行结果如图3-12所示。

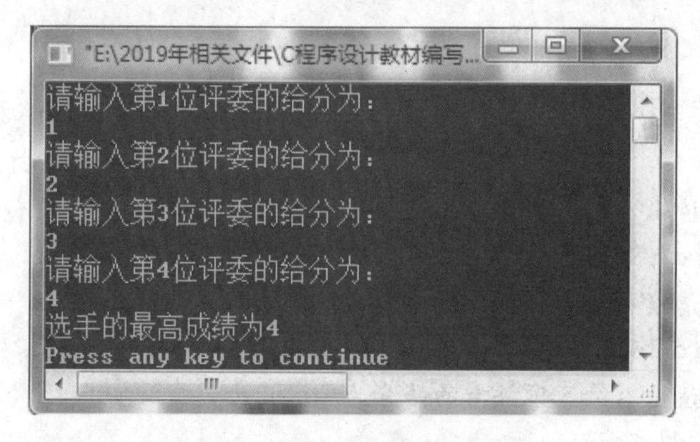

图3-12 例3-10程序运行结果

从上面这段程序可分析出,同学们需要掌握的知识点如下:

if语句的嵌套。

3.2.2 相关知识

if语句的嵌套:就是在一个if或else if语句内使用另一个if或else if语句,if语句嵌套if语句的语法格式如下:

```
if(条件表达式1)
{
        语句块1(条件表达式1成立的情况下执行的语句,可无)
        if(条件表达式2)
        {
                语句块2(条件表达式2成立的情况下执行的语句)
```

```
        }
    }
```

其语义是如果“条件表达式1”成立，就执行“语句块1”，顺序判断“条件表达式2”是否成立，如果成立，就执行“语句块2”。if语句嵌套if语句的流程图如图3-13所示。

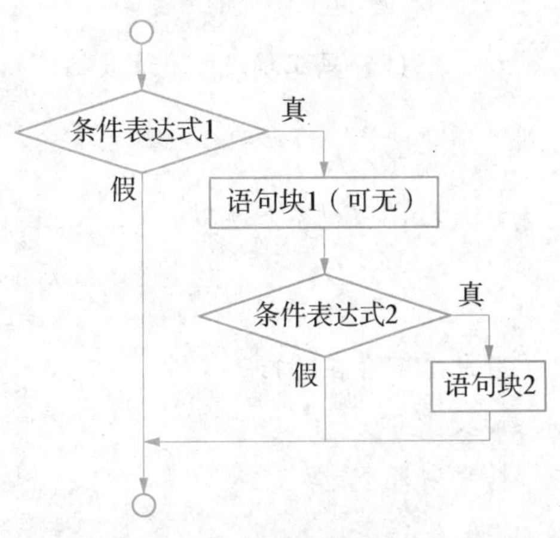

图3-13　if嵌套语句流程图

【例3-11】　编写程序，实现用户登录功能。假设用户名是“a”，密码是“8”，首先验证用户名是否正确，正确则验证密码是否正确，密码正确则登录成功。

解题步骤：

① 定义char变量user，用来存储用户名；定义int变量psw，用来存储密码。

② 提示用户输入用户名。

③ 从键盘输入1个字符放入user。

④ 判断user==‘a’，如果成立，则

a. 输出“用户名正确!”，并提示用户输入密码。

b. 从键盘输入1个整数放入psw。

c. 判断psw是否等于8，如果成立，则输出“密码正确!”，并提示用户登录成功，否则输出“密码不正确!”。

如果user==‘a’不成立，则输出“用户名不存在!”。

程序代码：

```
#include<stdio.h>
void main()
{
    char  user;
    int  psw;
    printf("请输入您的用户名:");
    user = getchar();                    //输入一个字符，为user赋值
```

```
    if(user == 'a')                          //验证用户名
    {
            printf("用户名正确!\n请输入您的密码:");
            scanf(" %d",&psw);                    //输入一个字符,为 psw 赋值
          if(psw == 8)                        //验证密码
            {
                    printf("密码正确!\n登录成功!");
            }
            else
                    printf("密码不正确!");
    }
    else
            printf("用户名不存在!");

    getch();
}
```

程序运行后的结果如图 3 - 14 所示。

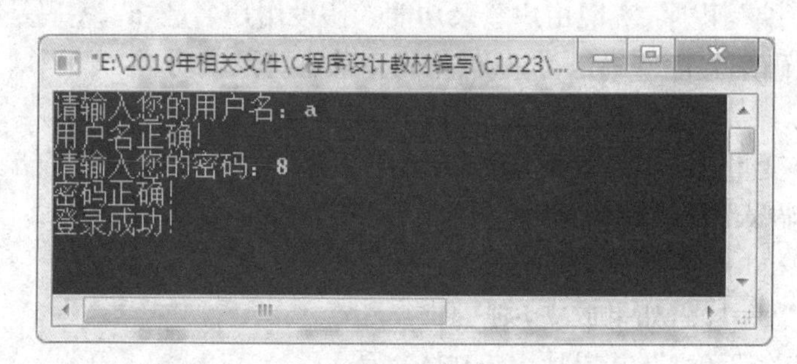

图 3 - 14　例 3 - 11 程序运行结果

注意:

也可以在 if 语句中嵌套 else if-else,方式与嵌套 if 语句相似。

3.2.3　知识扩展

3.2.3.1　多分支结构嵌套 if-else 语句

所谓嵌套就是在 if-else 语句的 if 或 else 子句中又包含了一个或多个 if-else 语句,其目的就是解决多分支选择问题,一般形式如下:

```
if (条件表达式 1)      语句块 1;
else  if (条件表达式 2) 语句块 2;
else  if (条件表达式 3) 语句块 3;
```

```
        ⋮
else if(条件表达式 n-1)语句块 n-1;
else  语句块 n;
```

其语义是如果条件表达式 1 成立，则执行语句块 1；否则如果条件表达式 2 成立，则执行语句块 2；否则如果条件表达式 3 成立，则执行语句块 3；……否则如果条件表达式 n－1 成立，则执行语句块 n－1；以上所有条件都不成立，则执行语句块 n。此处的“语句块”可以是单条语句，也可以是多条语句。如果是单条语句，大括号可以省略，如果是多条语句，大括号一定不能省略。嵌套 if-else 语句的流程图如图 3－15 所示。

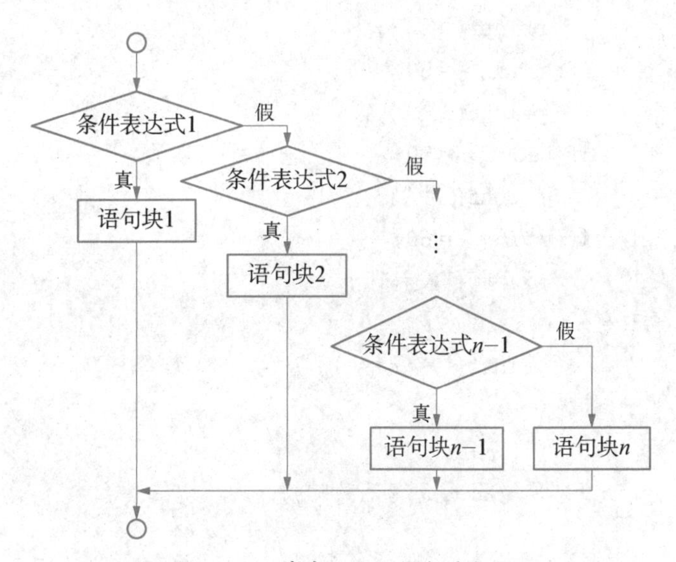

图 3－15　嵌套 if-else 语句流程图

【例 3－12】　编写程序，输入学生的百分制成绩，将成绩转换为等级制。百分制与等级制的对应关系如下：90～100 为优、80～89 为良、70～79 为中、60～69 为及格、0～59 为不及格。

解题步骤：

① 定义 int 变量 score，用来存储学生的成绩。

② 提示用户输入成绩。

③ 从键盘输入 1 个整数放入 score。

④ 判断如果 0≤score≤100，利用 if-esle if-else-逐级判断：

a. 如果 score≥90，输出“优”；

b. 否则如果 80≤score＜90，输出“良”；

c. 否则如果 70≤score＜80，输出“中”；

d. 否则如果 60≤score＜70，输出“及格”；

e. 否则输出“不及格”。

如果 0≤score≤100 不成立，则输出“您输出的成绩无效！”。

程序代码：

```
#include<stdio.h>
void main()
{
    int score;
    printf("请输入您的成绩: ");
    scanf("%d",&score);                        //输入一个整数,为 score 赋值
    if(score>=0&&score<=100)                   //判断成绩是否有效
    {
          if(score>=90)
                printf("优");
          else if(score>=80)
                printf("良");
          else if(score>=70)
                printf("中");
          else if(score>=60)
                printf("及格");
          else
                printf("不及格");
    }
    else
          printf("您输出的成绩无效!");

    getch();
}
```

程序运行后的结果如图 3-16 所示。

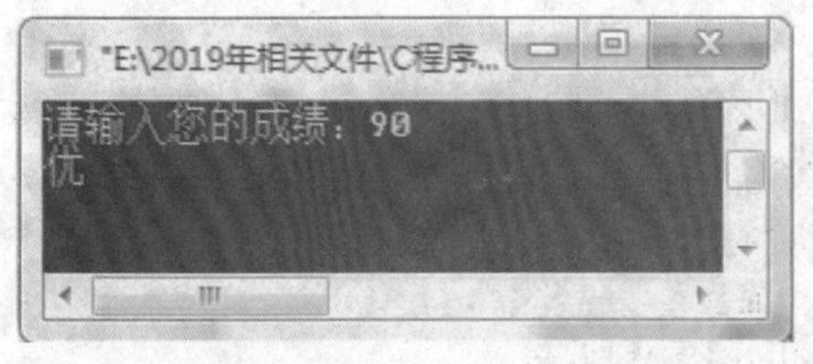

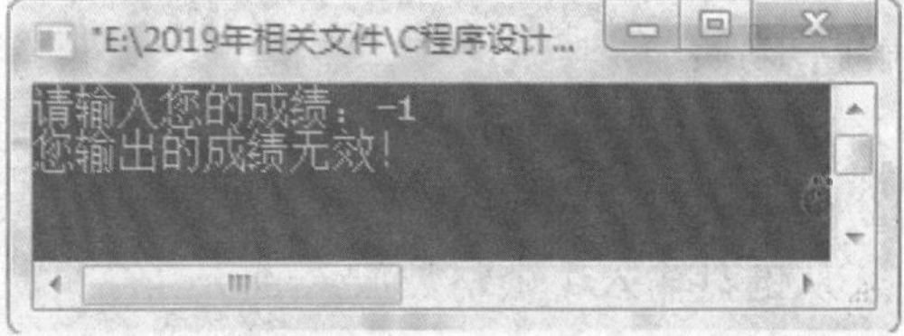

图 3-16 例 3-12 程序运行结果

if-else if 的本质：如果 if 条件不满足则执行 else 中的条件判断，基于这个理解，上面的 if 语句条件 score≥90 不满足的话，实际上就意味着 score<90，所以条件 80≤score<90 中的子条件 score<90 是多此一举，因此只需判断 score≥80 即可，其他条件类似。

注意：

① if-else if 多分支结构的执行流程是：从前往后计算各个条件表达式的值，如果某个表达

式的值为“真”,则执行对应的语句,并终止整个多分支结构的执行。如果上述所有表达式均不成立,即均为逻辑“假”时,则执行对应的 else 部分。else 部分可以省略,但一般情况下不省略。

② 该多分支结构并非新的结构类型,而是 if-else 嵌套结构的变形。以下情况均属于 if 结构嵌套。

a. if 语句体中可以含有 if 语句或 if-else 语句。

b. if-else 语句中的 if 体或者 else 体中含有 if 语句或 if-else 语句。

③ 在嵌套结构中会有多个“if”与多个“else”关键词,每一个“else”都应有对应的“if”相配对。原则是“else”与其前面最近的还未配对的“if”相配对。

④ 配对的 if-else 语句可以看成 1 条双分支语句。1 条 if 语句也可以看成是 1 条简单的单分支语句。

3.2.3.2 多分支结构 switch 语句

C 语言还提供了另一种用于多分支选择结构的 switch 语句,语句规则为:

```
switch(表达式)
{
    case 常量表达式 1:   语句 1;
    break;
    case 常量表达式 2:   语句 2;
    break;
    …
    case 常量表达式 n-1:   语句 n-1;
    break;
    default:   语句 n;
}
```

其语义是:计算表达式的值,并逐个与关键字 case 后面的常量表达式值相比较,当表达式的值与某个常量表达式的值相等时即执行其后的语句,然后不再进行判断,结束 switch 语句。否则继续与后面的常量表达式进行匹配。如果表达式的值与所有 case 后的常量表达式均不相同时,则执行 default 后的语句。这里 break 语句的作用就是使每一次执行之后均可跳出 switch 语句,从而避免输出不应有的结果。switch 语句的流程图如图 3-17 所示。

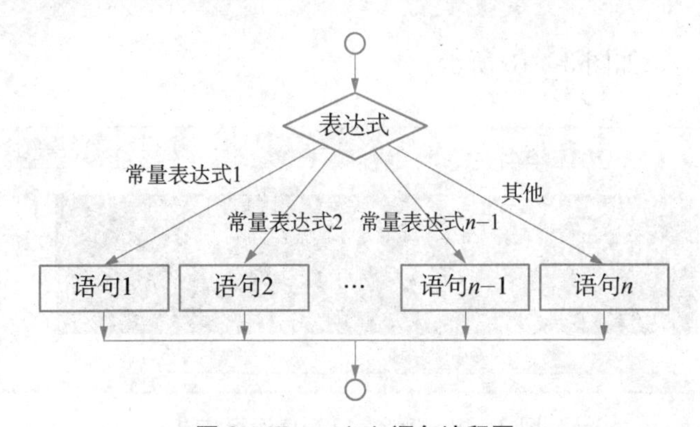

图 3-17 switch 语句流程图

【例3-13】 编写程序，将星期一、星期二……星期六、星期日依次编号为1、2、…、6、7，编一程序从键盘输入星期的序号，可输出其对应的星期的英文单词。比如，输入6，可输出“Saturday”。

程序代码：

```
#include<stdio.h>
void main()
{
  int dayNum;                              //存储星期编号
   printf("请输入星期编号：");
   scanf("%d",&dayNum);
   switch (dayNum){
      case 1: printf("Monday\n");
              break;
      case 2: printf("Tuesday\n");
              break;
      case 3: printf("Wednesday\n");
              break;
      case 4: printf("Thursday\n");
              break;
      case 5: printf("Friday\n");
              break;
      case 6: printf("Saturday\n");
              break;
      case 7: printf("Sunday\n");
              break;
      default: printf("输入有误\n");
   }
   getch();
}
```

程序运行后的结果如图3-18所示。

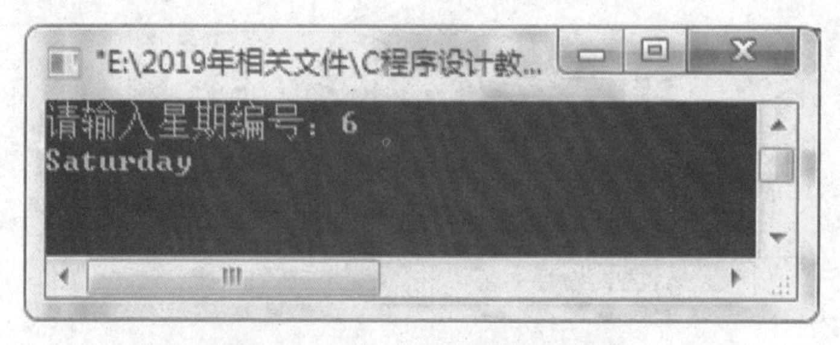

图3-18 例3-13程序运行结果

注意：

① 在使用 switch 语句时，case 后的各常量表达式的值不能相同，否则会出现错误。在 case 后，允许有多个语句，可以不用{}括起来。各 case 和 default 子句的先后顺序可以变动，而不会影响程序执行结果。default 子句可以省略不用。

② 嵌套 if-else 语句和 switch 语句都是用来实现多分支选择结构的，它们的应用环境不同，嵌套 if-else 语句用于对多条件并列测试，从中取一的情形；switch 语句用于单条件测试，从其多种结果中取一种的情形。

③ 一般情况下用 switch 能解决的问题，用嵌套 if-else 也一样能解决，反之用嵌套 if-else 语句能解决的问题用 switch 也能解决，在使用时要根据具体问题灵活运用。

④ 如果多分支选择结构中需要判断的逻辑关系只是是否相等，则最好用 switch 语句。switch 语句的执行效率高于嵌套 if-else 语句。

3.2.4 举一反三

在本任务中，介绍了 if 语句嵌套和多分支语句的相关知识，下面通过实例来进一步掌握前面所介绍的知识。

【例 3-14】 编写程序实现油量监控：当汽车油量偏低(少于 1/4，即 0.25)时，警示驾驶员应该注意；在油箱接近满载(不低于 3/4)时，提示驾驶员油量充足；其他情况不做提示(油量刻度为 0～1 之内的数)。

程序代码：

```
#include<stdio.h>
void main()
{
  double oil;
    printf("输入油量刻度(0—1): ");
    scanf("%lf",&oil);
    if(oil>=0.75)
    {
         printf("油量充足");
    }
    else if(oil<0.25)
    {
         printf("油量过低!");
    }
  getch();
}
```

程序运行后的结果如图 3-19 所示。

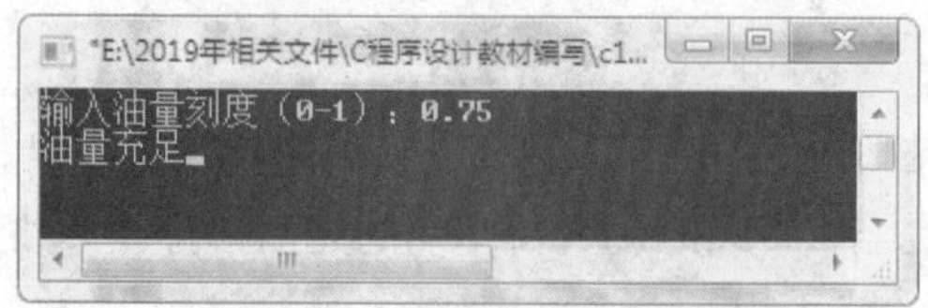

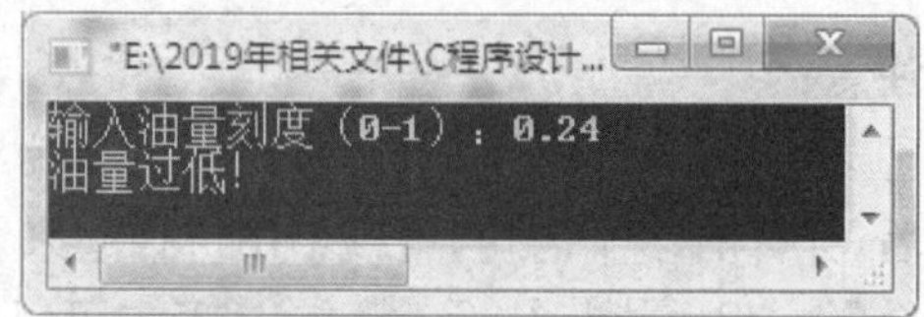

图3-19 例3-14程序运行结果

【例3-15】 编写程序,从键盘输入1个月份,输出该月份所属的季节。

程序代码:

```
#include<stdio.h>
void main()
{
   int month;                                          //month 存储一个整数,
   printf ("请输入月份: ");
     scanf ("%d",&month);
   if(month == 3 || month == 4 || month == 5)
    printf ("%d 月份为春季",month);
   else if(month == 6 || month == 7 || month == 8)
    printf ("%d 月份为夏季",month);
   else if(month == 9 || month == 10 || month == 11)
    printf ("%d 月份为秋季",month);
   else
    printf ("%d 月份为冬季",month);

     getch();
}
```

程序运行后的结果如图3-20所示。

图3-20 例3-15程序运行结果

【例3-16】 编写程序,使用switch语句,实现例3-12。

程序代码:

```
#include<stdio.h>
void main()
```

```
{
   int score;
   printf("请输入您的成绩: ");
   scanf("%d",&score);                                //输入一个整数,为 score 赋值
   if(score>=0&&score<=100)                              //判断成绩是否有效
   {
            switch(score/10)
            {
            case 10:
            case 9:
                  printf("优\n");
                  break;
            case 8:
                  printf("良\n");
                  break;
            case 7:
                  printf("中\n");
                  break;
            case 6:
                  printf("及格\n");
                  break;
            default:
                  printf("不及格\n");
                  break;
            }
   }
   else
    printf("您输出的成绩无效!");

   getch();
}
```

程序运行后的结果如图 3-21 所示。

图 3-21 例 3-16 程序运行结果

3.2.5 实践训练

经过前面的学习，大家已了解了 if 语句嵌套、if-else if 语句、switch 语句等相关知识的主要用法，下面自己动手解决一些实际问题。

3.2.5.1 初级训练

1. 编写程序判断一个人是否超重。标准体重是：身高－100，若身高大于标准体重的 110%，则认为应该减肥；若身高小于标准体重的 80%，则认为该增重；否则是在标准体重范围中。

2. 根据以下函数关系，对输入的每个 x 值，计算出 y 值。

x	y
$2<x\leqslant 10$	$x(x+2)$
$0<x\leqslant 2$	$1/x$
$x\leqslant 0$	$x-1$

3. 编写程序，输入 1 个字符时判断它是小写、大写、数字还是其他字符。

4. 编写程序，实现查询驾驶证可以驾驶的车辆类型。要求从键盘输入驾照的类型，比如输入驾照类型“C”，输出“你可以驾驶小轿车”。其中，A 牌驾照可驾驶大客车、大货车和小轿车，B 牌驾照可驾驶大货车和小轿车，C 牌驾照可驾驶小轿车，D 牌驾照可驾驶摩托车。

5. 从键盘输入 2 个整数及 1 个运算符(加、减、乘、除)，求其结果并输出(分别用 if else 和 switch 语句完成)。

3.2.5.2 深入训练

1. “生肖”也称“属相”，是以 12 个动物来命名的，依次为鼠、牛、虎、兔、龙、蛇、马、羊、猴、鸡、狗、猪。它是中国民间表示年份和计算年龄的方法，历史悠久。生肖以 12 年为一循环，周而复始。编写程序要求输入公元后的年份，计算并输出该年的生肖。

2. 某运输公司对用户计算运费。路程(S)越远，每公里运费越低。标准如下：

里程(公里)	折扣
$S<250$	没有折扣
$250\leqslant S<500$	2%折扣
$500\leqslant S<1\,000$	5%折扣
$1\,000\leqslant S<2\,000$	8%折扣
$2\,000\leqslant S<3\,000$	10%折扣
$3\,000\leqslant S$	15%折扣

其中基本运输费用为每吨每公里 1 元，现请你帮助该运输公司设计自动计费程序，帮助会计人员计算运输费用。要求输入每次运输的载重(吨)、里程(公里)，输出其运输费用。

3. 试编写一个与电脑玩剪刀、石头、布游戏的程序。

剪刀

石头

布

项目3 选手成绩排序

技能目标

(1) 具备应用循环结构设计算法的能力。
(2) 具备根据处理需要设计循环体、循环控制和设置循环初值的能力。
(3) 能够掌握一些有关数组的编程技巧。
(4) 能够对数组的数据元素进行访问和处理。

知识目标

(1) 掌握循环结构程序设计方法。
(2) 掌握 while、do-while、for 语句的格式及执行过程。
(3) 掌握一维数组、二维数组及字符数组的基本用法。

课程思政与素质

(1) 通过循环语句的学习,告诉学生要善于观察、找出规律。
(2) 通过数组的定义,告诉学生做好人生规划、找好自己的定位。

项目要求

某电视台进行海选比赛,现需要对多名选手的比赛成绩进行管理,评委打分后,计算选手的总成绩并按总成绩的高低排序。

程序的运行结果如下:

```
第1名选手记录(编号、姓名及成绩):1 李鹏飞 89 87 85 88 89
第2名选手记录(编号、姓名及成绩):2 王丹玉 85 84 78 79 81
第3名选手记录(编号、姓名及成绩):3 李丽   87 89 87 89 90
第4名选手记录(编号、姓名及成绩):4 赵飞   84 86 81 82 83
第5名选手记录(编号、姓名及成绩):5 刘洪生 85 87 86 78 89
```

(a)

```
-----------------------------------------
输出排序后选手的成绩:
-----------------------------------------
 排序 编号        姓名      评委1  评委2  评委3  评委4  评委5  总分
第1名: 3        李丽         87     89     87     89     90    442
第2名: 1        李鹏飞       89     87     85     88     89    438
第3名: 5        刘洪生       85     87     86     78     89    425
第4名: 4        赵飞         84     86     81     82     83    416
第5名: 2        王丹玉       85     84     78     79     81    407
Press any key to continue
```

(b)

图 4-1　程序运行结果

项目分析

要完成选手信息的录入及成绩管理，首先，必须要学会录入选手的姓名及成绩；其次，必须学会总分的计算及排序。所以，该项目被分解成 3 个任务：任务 1 是录入多名选手成绩；任务 2 是将多名选手成绩排序；任务 3 是录入多名选手信息。

4.1　任务 1　多名选手成绩录入

4.1.1　任务的提出与实现

4.1.1.1　任务提出

某电视台组织了一次选手比赛，需要先将选手的成绩输入计算机，计算总分，并按要求输出。

分析：如果本次比赛共有 100 名选手，有 5 位评委分别对每一名选手打分，需要定义 100 个变量 x1，x2，x3，…，x100，显然是非常烦琐的。

那么如何解决这个问题呢？经过仔细分析，我们发现，评委打分及选手总分的计算是一个重复执行的过程，重复执行就是循环。

4.1.1.2　具体实现

为了程序运行简单，假设只输入 5 名选手的成绩，有 5 位评委打分。

```
#include "stdio.h"
main()
{  int i,j, sum = 0, score;
   for(i = 1;i<= 5;i++){
      sum = 0;
     printf("请各位评委为第%d名选手打分\n",i);
      for(j = 1;j<= 5;j++)
      {
```

```
            scanf(" %d",&score);
            sum+ = score;
        }
    printf("第 %d 名选手最终得分是: %d分\n",i,sum);
    }
  }
```

程序运行结果如图 4－2 所示。

```
请输入第1名选手的成绩: 89  89  78  89  87
选手的最终得分是: 432
请输入第2名选手的成绩: 72  74  75  75  74
选手的最终得分是: 370
请输入第3名选手的成绩: 78  79  81  82  81
选手的最终得分是: 401
请输入第4名选手的成绩: 85  85  89  87  85
选手的最终得分是: 431
请输入第5名选手的成绩: 87  88  86  86  84
选手的最终得分是: 431
Press any key to continue
```

图 4－2　程序运行结果

从上面这段程序，可知要掌握的知识点为：

① 要掌握循环语句的结构及执行过程。

② 要掌握循环嵌套。

4.1.2　相关知识

4.1.2.1　while 语句

while 语句的一般形式：

```
while(表达式) {循环体语句}
```

其中，表达式的值是或为真(非 0)或为假(0)的逻辑值，该表达式又被称为循环控制表达式。语句可以是单条语句或复合语句，又被称为循环体。

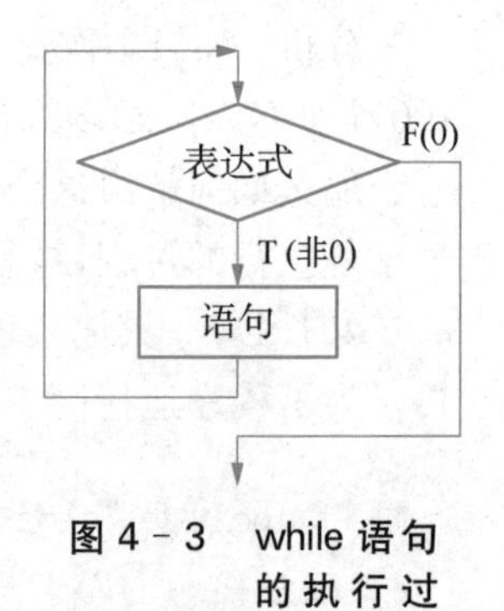

图 4－3　while 语句的执行过程

while 语句的执行流程如图 4－3 所示。

其步骤如下：

① 求出表达式的值，如果值为假，执行步骤③；如果为真，执行步骤②。

② 先执行循环体，再转到步骤①。

③ 退出 while 循环结构，while 循环结构执行完毕。

【例 4－1】计算 sum＝1＋2＋3＋…＋100 的值。

```
#include<stdio.h>
main()
```

```
{
    int i,sum;
    i = 1;sum = 0;/ * 初值设定很重要 * /
    while(i< = 100)
    {
        sum = sum + i;
        i + + ;     / * 改变循环变量,使表达式能在一定的条件下为 0 而退出循
环 * /
    }
  printf("sum = 1 + 2 + 3 + … + 100 = % d\n",sum);
}
```

程序运行结果如图 4 - 4 所示。

```
sum=1+2+3+······+100=5050
Press any key to continue
```

图 4 - 4　程序运行结果

想一想,如果去掉循环体的大括号或交换循环体内的两条语句会有什么结果？为什么？因为任何合法的表达式都可以充当 while 后的表达式,因此如果不灵活掌握 C 语言的各种表达式和控制条件,对一些控制条件将难以理解。

例如：

```
x = 10;while(x!= 0)x --;     / * 退出循环时 x 为 0 * /
```

可以写成以下形式：

```
x = 10;while(x)x --;/ * 退出循环时 x 为 0 * /
```

还可以写成以下形式：

```
x = 10;while(x --);/ * 退出循环时 x 为 - 1 * /
x+ + ;/ * 此时 x = 0 * /
```

4.1.2.2　do-while 语句

do-while 语句的特点是先执行循环体,然后判断循环条件是否成立。

其一般形式为;

```
do  {
循环体语句
}
while(表达式);
```

说明：

① do 和 while 均为关键字，do 必须与 while 联合使用。

② do-while 循环由 do 开始，while 结束。while 表达式后的分号不能丢，它是 do-while 循环语句的结束标志。

③ while 后面的表达式可以是任意合法的表达式。

④ 循环体语句可以是一条简单语句，也可以是一条复合语句。

⑤ 在循环体中要有能使表达式值最终为 0 的条件存在，否则循环将无限进行下去（死循环）。

do-while 语句的执行流程如图 4-5 所示。

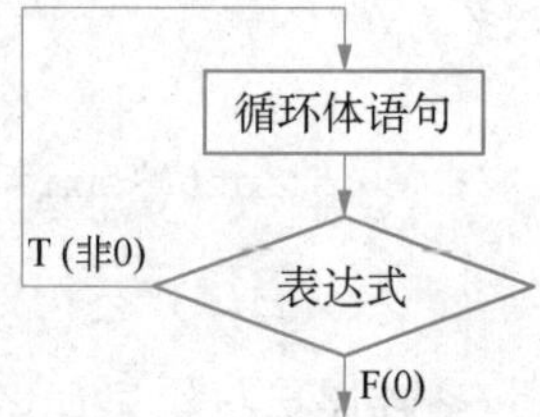

图 4-5 do-while 语句的执行过程

其步骤如下：

① 执行一次循环体语句。

② 计算 while 后面的表达式的值，若为非 0，转去执行步骤①；若为 0，则执行步骤③。

③ 退出 do-while 循环。

注意：

① do-while 循环，总是先执行一次循环体，然后再求表达式的值，因此，无论表达式是否为"真"，循环体至少执行一次。

② do-while 循环与 while 循环十分相似，它们的主要区别是 while 循环先判断循环条件再执行循环体，循环体可能一次也不执行。do-while 循环先执行循环体，再判断循环条件，循环体至少执行一次。

③ 循环体中应该有使循环趋于终止的语句。

【例 4-2】用 do-while 计算 sum＝1＋2＋3＋…＋100 的值。

```
#include<stdio.h>
main()
{
  int i,sum;
  i=1;sum=0;
  do{
      sum=sum+i;
      i++;
  }while(i<=100);
  printf("sum=1+2+3+…+100=%d\n",sum);
}
```

4.1.2.3 for 语句

for 语句的一般形式为：

```
for(表达式 1;表达式 2;表达式 3)
{
```

```
循环体语句;
}
```

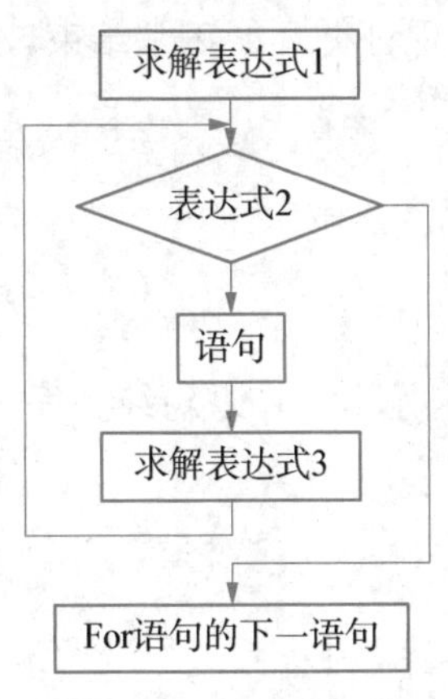

图 4－6　do-while 语句的执行过程

说明：

① 表达式 1、表达式 2 和表达式 3 之间是用分号隔开的，不要写成逗号。

② for()的后面千万不要加分号。如果在后面加个分号就代表循环体语句是空语句。

for 语句的执行流程如图 4－6 所示。

其步骤如下：

① 求解表达式 1。

② 求解表达式 2。若其值为真，则执行 for 语句中指定的内嵌语句，然后执行步骤③；若表达式 2 值为假，则结束循环，转到步骤⑤。

③ 求解表达式 3。

④ 转回步骤②继续执行。

⑤ 循环结束，执行 for 语句下面的语句。

【例 4－3】用 for 语句计算 sum＝1＋2＋3＋…＋100 的值。

```
#include<stdio.h>
main()
{
  int i,sum;
  for(i=1,sum=0;i<=100;i++)
  {
  sum=sum+i;
  }
  printf("sum=1+2+3+…+100=%d\n",sum);
}
```

for 语句的几种格式：

① 表达式 1 可以省略，此时应在 for 语句之前给循环变量赋初值，并且分号不能省略，如求和运算：

```
i=1;
for(;i<=100;i++)  /*分号不能省略*/
sum+=i;
```

② 省略表达式 2，则认为循环条件始终为真，程序将陷入死循环，如求和运算：

```
for (i=1;;i++)  for(i=1;1;i++)
{  sum+=i;
```

```
        if(i>=100)break;
        }
```

③ 表达式3可省略,此时应在循环体内对循环变量进行修改,以保证循环能正常结束,如求和运算:

```
for(i=1;i<=100;)      //分号不能省略
sum+=i++;             //修改循环变量
```

④ 3个表达式都省略,此时应在循环体内对循环变量进行修改,用break语句终止循环,如求和运算:

```
i=1;
for(;;)
{    sum+=i++;
     if(i>100)break;
}
```

⑤ 表达式1、3都可以有一项或多项,若有多项则使用逗号表达式,如求和运算:

```
for(s=0,i=1;i<=100;i++)
    s+=i;
for(s=0,i=1;i<=100;s+=i,i++);
```

4.1.2.4 循环嵌套

一个循环内又包含另一个循环,称为循环的嵌套。内循环中还可以嵌套循环。按照循环的嵌套次数,分别称为二重循环、三重循环。一般将处于内部的循环称为内循环,处于外部的循环称为外循环。3条循环语句for语句、while语句和do-while语句可以相互嵌套。

说明:

① 一个循环体必须完整地嵌套在另一个循环体内,不能出现交叉现象。

② 多层循环的执行顺序是:最内层先执行,由内向外逐步展开。

③ 3种循环语句构成的循环可以相互嵌套。

④ 并列循环允许使用相同的循环变量,但嵌套循环不允许。

⑤ 嵌套的循环要采用缩进格式书写,使程序层次分明,便于阅读和调试。

【例4-4】打印九九乘法表。

```
#include <stdio.h>
main(){
  int i,j;
  for(i=1;i<=9;i++){//外层for循环
    for(j=1;j<=i;j++){//内层for循环
```

```
        printf("%d*%d=%-2d",i,j,i*j);
      }
      printf("\n");
    }
  }
```

程序运行结果如图4-7所示。

```
1*1=1
2*1=2   2*2=4
3*1=3   3*2=6   3*3=9
4*1=4   4*2=8   4*3=12  4*4=16
5*1=5   5*2=10  5*3=15  5*4=20  5*5=25
6*1=6   6*2=12  6*3=18  6*4=24  6*5=30  6*6=36
7*1=7   7*2=14  7*3=21  7*4=28  7*5=35  7*6=42  7*7=49
8*1=8   8*2=16  8*3=24  8*4=32  8*5=40  8*6=48  8*7=56  8*8=64
9*1=9   9*2=18  9*3=27  9*4=36  9*5=45  9*6=54  9*7=63  9*8=72  9*9=81
Press any key to continue
```

图4-7 程序运行结果

内层for每循环1次输出1条数据,外层for每循环1次输出1行数据。需要注意的是,内层for的结束条件是j≤i。外层for每循环1次,i的值就会变化,所以每次开始内层for循环时,结束条件是不一样的。具体如下:

当i=1时,内层for的结束条件为j<=1,只能循环1次,输出第1行。

当i=2时,内层for的结束条件是j<=2,循环2次,输出第2行。

当i=3时,内层for的结束条件是j<=3,循环3次,输出第3行。

当i=4、5、6…时,依此类推。

4.1.3 知识扩展

4.1.3.1 break语句

break语句一般形式如下:

```
break;
```

说明:

① break语句只用于循环语句或switch语句中。在循环语句中,break常常和if语句一起使用,表示当条件满足时,立即终止循环。注意,break不是跳出if语句,而是循环结构。在switch语句中,break是跳出switch语句体。

② 循环语句可以嵌套使用,break语句只能跳出(终止)其所在的循环,而不能一下子跳出多层循环。要实现跳出多层循环可以设置一个标志变量,控制逐层跳出。

【例4-5】使用while及break语句计算sum=1+2+3+…+100的值。

```
#include <stdio.h>
```

```
main(){
  int i=1, sum=0;
  while(1){  //循环条件为死循环
    sum+=i;
    i++;
    if(i>100)break;//如果 i>100,则跳出 while 循环
  }
  printf("%d\n", sum);
}
```

4.1.3.2 continue 语句

continue 语句一般形式如下：

```
continue;
```

continue 语句的作用是跳过循环体中剩余的语句而强制进入下一次循环。continue 语句只用在 while、for 循环中，常与 if 条件语句一起使用，判断条件是否成立。

在 while 和 do-while 循环中，continue 语句使流程直接跳到循环控制条件的测试部分，然后决定循环是否继续执行。在 for 循环中，遇到 continue 后，跳过循环体中余下的语句，而对 for 语句中的表达式 3 求值，然后进行表达式 2 的条件测试，最后决定 for 循环是否执行。

【例 4-6】统计 100～200 之间不能被 3 整除的数的个数，并输出这些数，要求每行输出 10 个数。

```
#include<stdio.h>
main
{
  int n,i=0;
  for(n=100;n<=200;n++)
  {
    if(n%3==0)
      continue;
    printf("%d  ",n);
    i++;
    if(i%10=0)
      printf("\n");
  }
  printf("total:%d\n",i);
}
```

程序运行结果如图 4-8 所示。

```
100  101  103  104  106  107  109  110  112  113
115  116  118  119  121  122  124  125  127  128
130  131  133  134  136  137  139  140  142  143
145  146  148  149  151  152  154  155  157  158
160  161  163  164  166  167  169  170  172  173
175  176  178  179  181  182  184  185  187  188
190  191  193  194  196  197  199  200
total:68
Press any key to continue
```

图4-8　程序运行结果

4.1.4　举一反三

在本任务中，介绍了3种循环语句包括while语句、do-while语句、for语句及循环嵌套，下面通过实例来进一步掌握前面所介绍的知识。

【例4-7】若有int x,y;且x=20,则以下关于for循环语句的正确判断为(　　)。

```
for(y=20;x!=y;++x,y++)printf("----\n");
```

A. 循环体1次也不执行　　B. 循环体只执行1次

C. 死循环　　D. 输出----

答案：A

解析：依据for语句的执行过程，表达式2为x!=y不成立，所以不会进入循环体，而直接执行后面的语句。

【例4-8】以下程序段的输出结果是(　　)。

```
int  x=3;
do
{
    printf("%3d",x-=2);
} while(!(--x));
```

A. 1　　B. 30　　C. -2　　D. 死循环

答案：C

解析：x=3时，执行x-=2,打印出1,此时while(!(--x))为真，之后x=0,继续循环。执行x-=2,打印出-2,此时while(!(--x))为假，之后x=-3退出循环，所以答案为1和-2。

【例4-9】下面程序的运行结果是(　　)

```
#include "stdio.h"
main()
{int i,a=0,b=0;
```

```
for(i=1;i<10;i++)
{if(i%2==0)
{a++;
continue;}
b++;}
printf("a=%d,b=%d",a,b);}
```

A. a=4,b=4　　B. a=4,b=5　　C. a=5,b=4　　D. a=5,b=5

答案：B

解析：continue语句的作用是跳过本次循环体中余下尚未执行的语句，接着再一次进行循环条件的判定。当能被2整除时，a就会增1，之后执行continue语句，直接执行到for循环体的结尾，进行i++，判断循环条件。

【例4-10】有如下程序：

```
#include <stdio.h>
main()
{
  int i, data;
  scanf("%d",&data);
  for(i=0;i<5;i++)
  {
    if(i<data)continue;
    printf("%d,",i);
  }
  printf("\n");
}
```

程序运行时，从键盘输入：3<回车>后，程序输出结果为(　　)。

A. 3,4,　　B. 1,2,3,4,　　C. 0,1,2,3,4,5,　　D. 0,1,2,

答案：A

解析：continue语句只能用在循环结构中，其作用是结束本次循环，即不再执行循环体中continue语句之后的语句，而是立即转入对循环条件的判断与执行。本题执行过程为：输入3，则data=3；执行for循环，i=0，if条件成立，结束本次循环，不输出i值，执行下一次循环；直到i≥3，if条件不成立，依次输出i值3,4，直到i=5退出for循环。

【例4-11】有如下程序：

```
#include <stdio.h>
main()
{int i,n;
for(i=0;i<8;i++)
```

```
{    n = rand() % 5;
     switch(n)
     {case 1:
case 3: printf(" %d \n",n);break;
case 2:
case 4: printf(" %d \n",n);continue;
case 0: exit(0);
     }
printf(" %d \n",n);
}
}
```

以下关于程序执行情况的叙述,正确的是(　　)。

A. for 循环语句固定执行 8 次

B. 当产生的随机数 n 为 4 时,结束循环操作

C. 当产生的随机数 n 为 1 和 2 时,不做任何操作

D. 当产生的随机数 n 为 0 时,结束程序运行

答案: D

解析: case 常量表达式只是起语句标号作用,并不是在该处进行条件判断。在执行 switch 语句时,根据 switch 的表达式,找到与之匹配的 case 语句,从此就沿 case 子句执行下去,不再进行判断,直到碰到 break 或函数结束为止。简单地说,break 是结束整个循环体,而 continue 是结束单次循环。B 选项中当产生的随机数 n 为 4 时要执行打印操作。C 选项中当产生的随机数为 1 和 2 时分别执行 case3 与 case4 后面语句的内容。由于存在 break 语句所以 for 循环不是固定执行 8 次,执行次数与产生的随机数 n 有关系。

【例 4-12】从键盘输入 1 个数,求出这个数的阶乘,即 n!。

解析: n 的阶乘,就是从 1 开始乘以比前一个数大 1 的数,一直乘到 n,用公式表示就是: $1\times2\times3\times4\times\cdots\times(n-2)\times(n-1)\times n=n!$

具体的操作: 利用循环解决问题,设循环变量为 i,初值为 1,i 从 1 变化到 n;依次让 i 与 sum 相乘,并将乘积赋给 sum。

① 定义变量 sum,并赋初值 1。

② i 自增 1。

③ 直到 i 超过 n。

程序如下:

```
#include <stdio.h>
main()
{
  int i,n;
  double sum = 1;
```

```
    scanf("%d",&n);
    for(i=1;i<=n;i++)
      sum=sum*i;
    printf("%d!=%lf",n,sum);
    printf("\n");
  }
```

程序运行结果如图4-9所示。

```
5
5!=120.000000
Press any key to continue
```

图4-9 程序运行结果

【例4-13】水仙花数是指一个3位数，其各位数字的立方和等于该数本身，例如：153=$1^3+5^3+3^3$，所以153就是1个水仙花数。求所有的水仙花数。

解析：根据水仙花数的定义，需要分离出个位数、十位数和百位数，然后按其性质进行计算并判断，满足条件则打印输出，否则不打印输出。

因此，可以利用循环语句解决。设循环变量为i，初值为100，i从100变化到1000；依次判断条件是否成立，如果成立则输出，否则不输出。

具体步骤如下：

① 分离出个位数，算术表达式为：$j=i\%10$。

② 分离出十位数，算术表达式为：$k=i/10\%10$。

③ 分离出百位数，算术表达式为：$n=i/100$。

④ 判断条件是否成立。若是，执行步骤⑤；若不是，执行步骤⑥。

⑤ 打印输出结果。

⑥ i自增1。

⑦ 转到①执行，直到i等于1000。

程序如下：

```
#include <stdio.h>
main()
{
  int i,j,k,n;
  for(i=100;i<1000;i++)
  {
    j=i%10;
    k=i/10%10;
    n=i/100;
```

```
    if(j*j*j+k*k*k+n*n*n==i)
      printf("%5d\n",i);
  }
}
```

程序运行结果如图 4-10 所示。

```
  153
  370
  371
  407
Press any key to continue
```

图 4-10 程序运行结果

【例 4-14】输入 1 个数，判断是否为素数。

解析： 素数又称质数，是指除了 1 和它本身以外，不能被任何整数整除的数，例如 17 就是素数，因为它不能被 2～16 的任一整数整除。

方法 1：判断 1 个整数 m 是否是素数，只需把 m 被 $2\sim m-1$ 之间的每一个整数去除，如果都不能被整除，那么 m 就是 1 个素数。

程序如下：

```
#include <stdio.h>
main(){
int a=0;//素数的个数
int num=0;//输入的整数
printf("输入一个整数:");
scanf("%d",&num);
for(int i=2;i<num;i++){
    if(num%i==0){
    a++;//素数个数加1
    }
  }
  if(a==0){
    printf("%d是素数.\n", num);
    }else{
    printf("%d不是素数.\n", num);
  }
}
```

程序运行结果如图 4-11 所示。

```
输入一个整数：53
53是素数。
Press any key to continue
```

图 4-11 程序运行结果

方法 2：m 不必被 $2\sim m-1$ 之间的每一个整数去除，只需被 $2\sim\sqrt{m}$ 之间的每一个整数去除就可以了。如果 m 不能被 $2\sim\sqrt{m}$ 间任一整数整除，m 必定是素数。因为如果 m 能被 $2\sim m-1$ 之间任一整数整除，其两个因子必定有一个小于或等于 $\sqrt{m}$，另一个大于或等于 $\sqrt{m}$。例如 16 能被 2、4、8 整除，16＝2＊8，2 小于 4，8 大于 4；16＝4＊4，$4=\sqrt{16}$，因此只需判定在 2～4 之间有无因子即可。又如判别 17 是否为素数，只需使 17 被 2～4 之间的每一个整数去除，由于都不能整除，可以判定 17 是素数。

程序如下：

```
#include <stdio.h>
#include <math.h>
main(){
   int m;//输入的整数
   int i;//循环次数
   int k;//m 的平方根
   printf("输入一个整数:");
   scanf("%d",&m);
   //求平方根,注意 sqrt()的参数为 double 类型,这里要强制转换 m 的类型
   k = (int)sqrt((double)m);
   for (i = 2;i<= k;i++)
      if (m%i==0)
         break;
   //如果完成所有循环,那么 m 为素数
   //注意最后一次循环,会执行 i++,此时 i = k+1,所以有 i>k
    if (i>k)
       printf("%d是素数.\n",m);
    else
      printf("%d不是素数.\n",m);
}
```

程序运行结果如图 4-12 所示。

```
输入一个整数：120
120不是素数。
Press any key to continue
```

图4-12 程序运行结果

【例4-15】统计单词个数。

```
#include <stdio.h>
main()
{
  printf("输入一行字符:\n");
  char ch;
  int i,count = 0,word = 0;
  while((ch = getchar())!= '\n')
  if (ch = = ' ')
     word = 0;
  else if(word = = 0)
     {
       word = 1;
       count + + ;
     }
  printf("总共有%d个单词\n",count);
}
```

程序运行结果如图4-13所示。

```
输入一行字符:
welcome to C world
总共有 4 个单词
Press any key to continue
```

图4-13 程序运行结果

【例4-16】猴子吃桃问题：猴子第1天摘下若干个桃子，当即吃了一半，还不过瘾，又多吃了1个。第2天早上又将第1天剩下的桃子吃掉一半，又多吃了1个。以后每天早上都吃了前一天剩下的一半多1个。到第10天早上想再吃时，发现只剩下1个桃子了。编写程序求猴子第1天摘了多少个桃子。

分析：

① 定义day、x1、x2为基本整型，并为day和x2赋初值9和1。

② 使用while语句由后向前推出第1天摘的桃子数。

③ 输出结果。

```
#include <stdio.h>
main()
{
  int day, x1,x2;  /*定义day、x1、x2 3个变量为基本整型*/
  day=9;
  x2=1;
  while(day>0)
  {
    x1=(x2+1)*2;  /*第一天的桃子数是第二天桃子数加1后的2倍*/
    x2=x1;
    day--;  /*因为从后向前推所以天数递减*/
  }
  printf("the total is %d\n",x1);  /*输出桃子的总数*/
}
```

程序运行结果如图4-14所示。

```
the total is 1534
Press any key to continue
```

图4-14　程序运行结果

【例4-17】用$\frac{\pi}{4}=1-\frac{1}{3}+\frac{1}{5}-\frac{1}{7}+\cdots$公式求π的近似值，直到最后一项$\left|(-1)^{n-1}\frac{1}{2n-1}\right|<10^{-6}$为止。

```
#include <stdio.h>
#include <math.h>
void main()
{int  s=1;                        //s为分子，控制运算符号的变化
 float  n=1,t=1.,pi=0;            //初始化，n为分母，t为s除以n
 do                               //直到型循环
{pi+=t;                           //累加每一项
 n+=2;s=-s;                       //计算每一项的分母；分子变正负号
 t=s/n;                           //计算每一项
}while(fabs(t)>=1e-6);//当|t|>10-6，执行循环体，否则退出.
printf("π=%.6f\n",pi*4);//输出pi值
}
```

程序运行结果如图 4-15 所示。

```
π=3.141594
Press any key to continue
```

图 4-15 程序运行结果

【例 4-18】求任意 2 个正整数的最大公约数(GCD)。

分析: 2 个数的最大公约数有可能是其中小的数,所以按从大到小顺序寻找最大公约数时,循环变量 i 的初值从小的数 n 开始依次递减,去寻找第 1 个两整数能同时被整除的自然数,并将其输出。需要注意的是,虽然判定条件是 $i>0$,但在找到第 1 个满足条件的 i 值后,循环没必要继续下去,如 25 和 15 的最大公约数是 5,对于后面的 4、3、2、1 没必要再执行,但判定条件仍然成立,此时要结束循环只能借助 break 语句。

```
#include<stdio.h>
main()
{
  int m,n,temp,i;
  printf("imput m & n:");
  scanf("%d%d",&m,&n);
  if(m<n)  /*比较大小,使得m中存储大数,n中存储小数*/
  {/*交换m和n的值*/
    temp=m;
    m=n;
    n=temp;
  }
    for(i=n;i>0;i--)  /*按照从大到小的顺序寻找满足条件的自然数*/
      if(m%i==0 && n%i==0)
      {/*输出满足条件的自然数并结束循环*/
        printf("The GCD of %d and %d is: %d\n", m,n,i);
        break;
      }
}
```

程序运行结果如图 4-16 所示。

```
imput m & n:100 125
The GCD of 125 and 100 is: 25
Press any key to continue
```

图 4-16 程序运行结果

4.1.5 实践训练

经过前面的学习，大家已了解了循环语句和循环嵌套的主要用法，下面自己动手解决一些实际问题。

4.1.5.1 初级训练

1. 以下叙述正确的是(　　)。
   A. do-while 语句构成的循环不能用其他语句构成的循环来代替
   B. do-while 语句构成的循环只能用 break 语句退出
   C. 用 do-while 语句构成循环时，只有在 while 后的表达式为非 0 时结束循环
   D. 用 do-while 语句构成循环时，只有在 while 后的表达式为 0 时结束循环
2. 请写出下面程序的输出结果。

```
#include <stdio.h>
void main()
{int y=10;
  while(y--);
  printf("y=%d\n",y);
}
```

3. 请写出下面程序的输出结果。

```
#include <stdio.h>
void main()
{int i=0, sum=1;
do {sum+=i++;}while(i<5);
printf("%d\n",sum);
}
```

4.

```
#include <stdio.h>
main()
{int s;
  while((s=getchar())!='\n')
  {switch(s-'2')
    {case 0:
     case 1: putchar(s+4);
     case 2: putchar(s+4);break;
     case 3: putchar(s+3);
     default: putchar(s+2);break;}
```

```
    }
   printf("\n");
  }
```

输入：2473↙，以下程序段的输出结果为________。

5. 判断 101～200 之间有多少个素数，并输出所有素数。

6. 计算 sum＝1！＋2！＋3！＋…＋20！的值。

7. 输入 10 个数，找出其中的最大数和最小数。

8. 求任意 2 个正整数的最小公倍数（LCM）。（最小公倍数＝两数的乘积/最大公约（因）数）

9. 利用循环语句输出菱形。

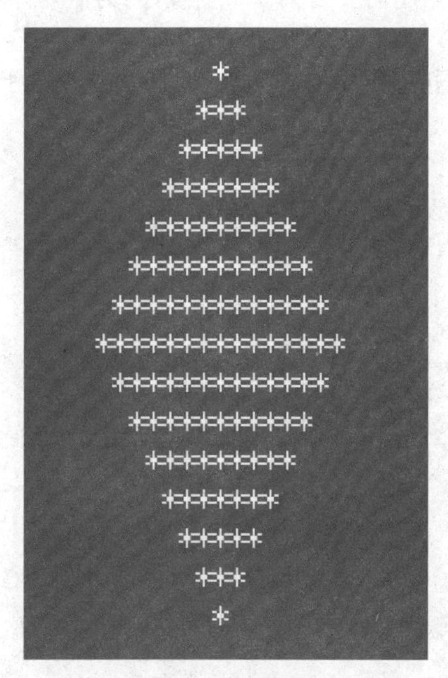

图 4－17　菱形

4.1.5.2　深入训练

1. 百钱买百鸡：公鸡 1 只 5 元钱，母鸡 1 只 3 元钱，小鸡 3 只 1 元钱，现在要用 100 元钱买 100 只鸡，问公鸡、母鸡、小鸡各多少只？

2. 假设 1 对兔子的成熟期是 1 个月，即 1 个月可长成成兔，那么，如果每对成兔每个月都生 1 对小兔，1 对新生的小兔从第 2 个月起就开始生兔子，试问从 1 对兔子开始繁殖，以后每个月会有多少对兔子？

3. 有 1、2、3、4 四个数字，能组成多少个互不相同且无重复数字的 3 位数？分别是什么？

提示：可填在百位、十位、个位的数字只有 1、2、3、4，组成所有的排列后再去掉不满足条件的排列。

4. 求 3000 以内的全部亲密数。如果整数 A 的全部因子（包括 1，不包括 A 本身）之和等于B且整数B的全部因子(包括1,不包括B本身)之和等于A,则将整数A和B称为亲密数。

4.2 任务2 多名选手成绩排序

4.2.1 任务的提出与实现

4.2.1.1 任务提出

对多名选手比赛的成绩进行管理,评委打分后,计算选手的总分并排序输出。

分析: 如果本次比赛共有100名选手,需要定义100个变量x1,x2,x3,…,x100,有5位评委分别对每一名选手打分,还需要定义5个变量,因为需要计算成绩后排序输出,所以必须保存每位选手的成绩。

那么如何解决这个问题呢?经过仔细分析,我们发现,评委打分及选手总分都是相同类型。因此引入一个新的概念——数组。

4.2.1.2 具体实现

为了程序运行简单,假设只有5名选手。

```
#include "stdio.h"
#define N 5
main()
{
  int i,j;
  int score[N][5],t;
  int num[N];
  int sumr[N] = {0};
  printf("请各位评委为选手打分:\n");
  /*输入编号及成绩*/
  for(i = 0;i<N;i++)
  {
      printf("第%d名选手记录(编号及成绩):",i+1);
      scanf("%d",&num[i]);
      for(j = 0;j<5;j++)
      scanf("%d",&score[i][j]);
  }
  /*计算每位选手的总分*/
  for(i = 0;i<N;i++)
  {
      for(j = 0;j<5;j++)
```

```
        sumr[i] = sumr[i] + score[i][j];
    }
    /* 排序成绩 */
    for(i = 0;i<N - 1;i + + )
        for(j = 0;j<N - 1 - i;j + + )
            if(sumr[j]<sumr[j + 1])
            {
                    t = sumr[j];sumr[j] = sumr[j + 1];sumr[j + 1] = t;
                    t = num[j];num[j] = num[j + 1];num[j + 1] = t;
            //这个同学的所有数据都要交换
                    t = score[j][0];score[j][0] = score[j + 1][0];score[j + 1]
[0] = t;
                    t = score[j][1];score[j][1] = score[j + 1][1];score[j + 1]
[1] = t;
                    t = score[j][2];score[j][2] = score[j + 1][2];score[j + 1]
[2] = t;
                    t = score[j][3];score[j][3] = score[j + 1][3];score[j + 1]
[3] = t;
                    t = score[j][4];score[j][4] = score[j + 1][4];score[j + 1]
[4] = t;
            }
    printf("-------------------------------\n");
    printf("输出排序后选手的成绩:\n");
    printf("-------------------------------\n");
    printf("排序  编号  评委1  评委2  评委3  评委4  评委5  总分  \n");
    for(i = 0;i<N;i + + )
    {
        printf("第 %d 名:",i + 1);
    printf(" %6d",num[i]);
        for(j = 0;j<5;j + + )
            printf(" %6d",score[i][j]);
        printf(" %6d",sumr[i]);
        printf("\n");
    }
  }
```

程序运行结果如图 4 - 18 所示。

从上面这段程序可知要掌握的知识点为：

① 数组的定义及初始化。

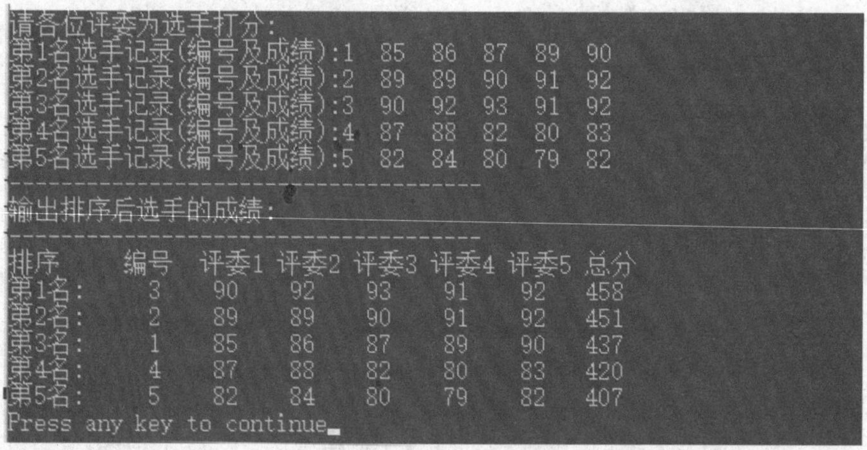

```
请各位评委为选手打分:
第1名选手记录(编号及成绩):1  85  86  87  89  90
第2名选手记录(编号及成绩):2  89  89  90  91  92
第3名选手记录(编号及成绩):3  90  92  93  91  92
第4名选手记录(编号及成绩):4  87  88  82  80  83
第5名选手记录(编号及成绩):5  82  84  80  79  82
-------------------------------------
输出排序后选手的成绩:
-------------------------------------
排序     编号  评委1 评委2 评委3 评委4 评委5 总分
第1名:     3    90    92    93    91    92   458
第2名:     2    89    89    90    91    92   451
第3名:     1    85    86    87    89    90   437
第4名:     4    87    88    82    80    83   420
第5名:     5    82    84    80    79    82   407
Press any key to continue
```

图 4-18 程序运行结果

② 数组的引用。

4.2.2 相关知识

4.2.2.1 一维数组

所谓数组,是指一组具有相同类型的变量,用一个数组名标识,其中每个变量(称为数组元素)通过该变量在数组中的相对位置(称为下标)来引用。数组被存放在一段连续的内存单元中。

1) 一维数组的定义

一维数组的定义方式为:

```
类型说明符 数组名[常量表达];
```

例: int a[10];它表示定义了 1 个整型数组,数组名为 a,此数组有 10 个元素,10 个元素都是整型变量。

说明:

① 类型说明符是任意一种基本数据类型或构造数据类型。对于同一个数组,其所有元素的数据类型都是相同的。

② 数组名是用户定义的数组标识符,书写规则应符合标识符的书写规定。

③ 方括号中的常量表达式表示数据元素的个数,也称为数组的长度。

④ 允许在同一个数据说明中,说明多个数组和多个变量。

例: int a,b,c,d,k1[10],k2[2];

⑤ a[7]表示 a 数组有 7 个元素,注意下标是从 0 开始的,这 7 个元素是 a[0],a[1],a[2],a[3],a[4],a[5],a[6]。不存在数组元素 a[7]。

⑥ C 语言不允许对数组的大小做动态定义,即数组的大小不依赖于程序运行过程中变量的值。

2) 一维数组的引用

数组元素是组成数组的基本单元。数组元素也是一种变量,其表示方法为数组名后跟一个下标。下标表示了元素在数组中的顺序号。

数组元素的引用形式：

```
数组名[下标表达式]
```

注意： 数组元素引用时，下标为整型的表达式，可以使用变量。

一般访问形式：

```
for(i=下标下界;i<下标上界;i++){a[i]};
```

说明：

① 数组元素通常也称为下标变量。必须先定义数组才能使用下标变量。在C语言中只能逐个使用下标变量，而不能一次引用整个数组。

② 数组元素本身可以看作是同一个类型的单个变量，因此对变量可以进行的操作同样也适用于数组元素，也就是数组元素可以在任何相同类型变量可以使用的位置引用。

③ 引用数组元素时，下标不能越界，否则结果难以预料。

【例4-19】录入选手成绩并输出。现有5位选手，从键盘上输入每名选手的成绩，并输出。

```
#include "stdio.h"
main()
{
  int i;
  int score[5];
  for(i=0;i<5;i++)
  {
      printf("请输入第%d名选手成绩:",i+1);
      scanf("%d",&score[i]);
  }
  printf("-----------------------------\n");
  for(i=0;i<5;i++)
  {
      printf("第%d名选手:",i+1);
    printf("%6d\n",score[i]);
  }
}
```

程序运行结果如图4-19所示。

3）一维数组的初始化

C语言允许在定义数组的同时就给数组元素指定初始值，即对数组进行初始化。初始化的一般形式为：

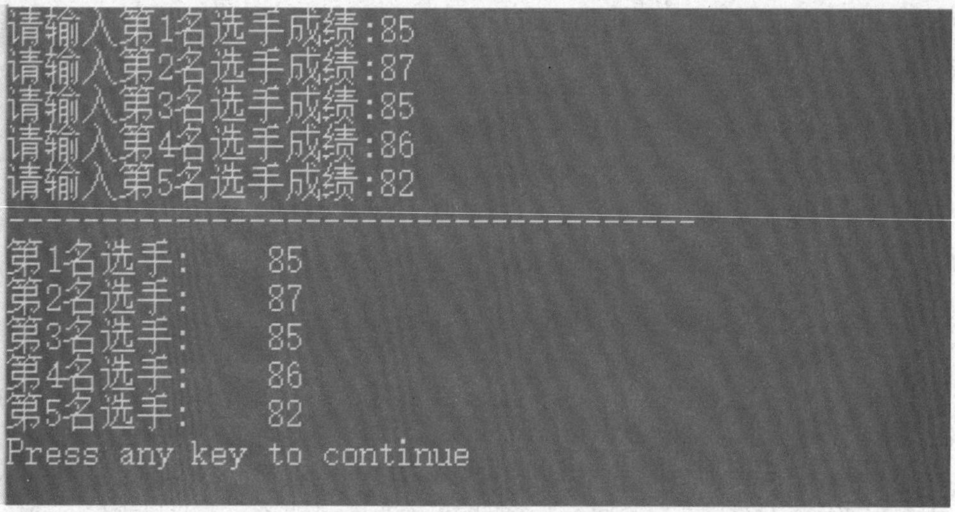

```
请输入第1名选手成绩:85
请输入第2名选手成绩:87
请输入第3名选手成绩:85
请输入第4名选手成绩:86
请输入第5名选手成绩:82
-----------------------------------
第1名选手:    85
第2名选手:    87
第3名选手:    85
第4名选手:    86
第5名选手:    82
Press any key to continue
```

图 4-19 程序运行结果

类型标识符 数组名[常量表达式]={数值表};

其中,数值表中的各项要用逗号隔开。例如: int a[8]={1,2,3,4,5,6,7,8};它表示 a[0]=1;a[1]=2;…;a[7]=8;

数组初始化常见的几种形式:

① 对数组所有元素赋初值,此时数组定义中数组长度可以省略。

例: int a[5]={1,2,3,4,5};或 int a[]={1,2,3,4,5};

② 对数组部分元素赋初值,此时数组长度不能省略。

例: int a[5]={1,2};a[0]=1,a[1]=2,其余元素为编译系统指定的默认值 0。

③ 对数组的所有元素赋初值 0。

例: int a[5]={0};

4) 排序

排序是一种常用的重要算法,常用的排序方式有冒泡法(也叫起泡法)和选择法。冒泡法排序的思路是: 将待排序元素的相邻两个依次进行比较,如果不符合顺序要求(由大到小或由小到大)则立即交换。这样值大(或小)的就会像冒气泡一样逐步升起。按此方法对数据元素进行一遍处理称为一趟冒泡。一趟冒泡的效果是将值最大(或最小)的元素交换到了最后(或最前)的位置,即该元素排序的最终位置。n 个数据元素最多需要进行 n-1 趟冒泡。选择法排序思路: 从 n 个数中找最小的数据跟第 1 个交换,再从后面的 n-1 个数据中找最小的跟第 2 个数交换,依次进行,一共进行 n-1 次。

【例 4-20】用冒泡法对 10 名选手成绩进行排序。

分析:

① 将待排序的数据放入一维数组中。

② 相邻两数比较: a[j]<a[j+1]进行交换,保证 a[j]为较小的数。

③ 第 1 轮: 10 个数,j=1~9,循环 9 次,找出最小数,放在最后。

④ 第 2 轮: 9 个数,j=1~8,循环 8 次,找出次小数,放在最小数前。

⑤ 依此类推，经过 9 轮，将 10 个数排序输出。

```
#include <stdio.h>
void main()
{int a[10],i,j,t;
 printf("请输入 10 名选手成绩:\n");
 for(i=0;i<10;i++)      //键入 10 个数,放入 a 数组中
          scanf("%d",&a[i]);
 printf("\n");
 for(i=1;i<=9;i++)      //冒泡排序,比较的轮数
 for(j=0;j<=9-i;j++) //比较一轮
     if(a[j]<a[j+1])       //比较一次
     {t=a[j];a[j]=a[j+1];a[j+1]=t;}
 printf("选手成绩排序后:\n");
 for(i=0;i<10;i++)
          printf("%d",a[i]);
 printf("\n");    //换行
}
```

程序运行结果如图 4-20 所示。

```
请输入10名选手成绩:
89  82  81  75  90  67  78  85  84  72

选手成绩排序后:
90  89  85  84  82  81  78  75  72  67
Press any key to continue
```

图 4-20 程序运行结果

【例 4-21】用选择法对 10 名选手成绩进行排序。

```
#include <stdio.h>
main()
{
 int a[10],i,j,t,max,k;
   printf("请输入 10 名选手成绩:\n");
 for(i=0;i<10;i++)
   scanf("%d",&a[i]);
 for(i=0;i<=8;i++)
 {
   max=a[i];
```

```
    k = i;
    for(j = i + 1;j<= 9;j+ + )
    if(a[j]>max)
    {max = a[j];
         k = j;}
    if(i!= k){t = a[i];a[i] = a[k];a[k] = t;}
  }
    printf("选手成绩排序后:\n");
 for(i = 0;i<10;i + + )
         printf(" % 4d",a[i]);
   printf("\n");
 }
```

程序运行结果如图 4 - 21 所示。

```
请输入10名选手成绩:
89  95  87  92  94  96  78  68  69  93
选手成绩排序后:
  96  95  94  93  92  89  87  78  69  68
Press any key to continue
```

图 4 - 21 程序运行结果

4.2.2.2 二维数组

1) 二维数组的定义

二维数组的数组元素具有 2 个下标,二维数组定义的一般形式是:

```
类型标识符  数组名[常量表达式][常量表达式];
```

例如: int a[3][4];表示定义了一个 3×4 即 3 行 4 列,总共有 12 个元素的数组 a。这 12 个元素的名字依次是: a[0][0]、a[0][1]、a[0][2]、a[0][3];a[1][0]、a[1][1]、a[1][2]、a[1][3];a[2][0]、a[2][1]、a[2][2]、a[2][3]。

与一维数组一样,行序号和列序号的下标都是从 0 开始的。元素 a[i][j]表示第 i+1 行、第 j+1 列的元素。数组 int a[m][n]最大范围处的元素是 a[m−1][n−1],所以在引用数组元素时应该注意,下标值应在定义的数组大小的范围内。

2) 二维数组的初始化

对二维数组进行初始化有 4 种方式,具体如下:

① 按行给二维数组赋初值。

例: int a[2][3]={{1,2,3},{4,5,6}};

等号后面有 1 对大括号,大括号中的第 1 对括号代表的是第 1 行的数组元素,第 2 对括号代表的是第 2 行的数组元素。

② 将所有的数组元素按行顺序写在1个大括号内。

例：int a[2][3]={1,2,3,4,5,6};

二维数组a共有2行，每行有3个元素，其中第1行的元素依次为1、2、3，第2行元素依次为4、5、6。

③ 对部分数组元素赋初值。

例：int b[3][4]={{1},{4,3},{2,1,2}};

在上述代码中，只为数组b中的部分元素进行了赋值，对于没有赋值的元素，系统会自动赋值为0。

④ 如果对全部数组元素置初值，则二维数组的第1个下标可省略，但第2个下标不能省略。

例：int a[2][3]={1,2,3,4,5,6};

可以写为int a[][3]={1,2,3,4,5,6};系统会根据固定的列数，将后边的数值进行划分，自动将行数定位2。

3）二维数组的引用

二维数组的引用方式同一维数组的引用方式一样，也是通过数组名和下标的方式来引用数组元素，其语法格式如下：

```
数组名[下标][下标];
```

在语法格式中，下标值应该在已定义的数组的大小范围内，例如下面这种情况是错误的：

int a[3][4];//定义a为3行4列的二维数组

a[3][4]=3;//数组a第3行第4列元素赋值，出错

在上述代码中，数组a可用的行下标范围是0～2，列下标是0～3，a[3][4]超出了数组的下标范围。

【例4-22】录入选手成绩并输出。现有5名选手，从键盘上输入5位评委对每名选手的打分，并输出。

```
#include "stdio.h"
#define N 5
main()
{
  int i,j;
  int score[N][5];
  printf("请各位评委为选手打分:\n");
  /*输入成绩*/
  for(i=0;i<N;i++)
  {
        printf("第%d名选手:",i+1);
        for(j=0;j<5;j++)
        scanf("%d",&score[i][j]);
  }
```

```
    printf("选手的成绩:\n");
    printf("-----------------------------\n");
    printf("       评委1  评委2  评委3  评委4  评委5  \n");
    for(i=0;i<N;i++)
    {
        printf("第%d名选手得分:",i+1);
    for(j=0;j<5;j++)
            printf("%6d",score[i][j]);
        printf("\n");
    }
}
```

程序运行结果如图 4-22 所示。

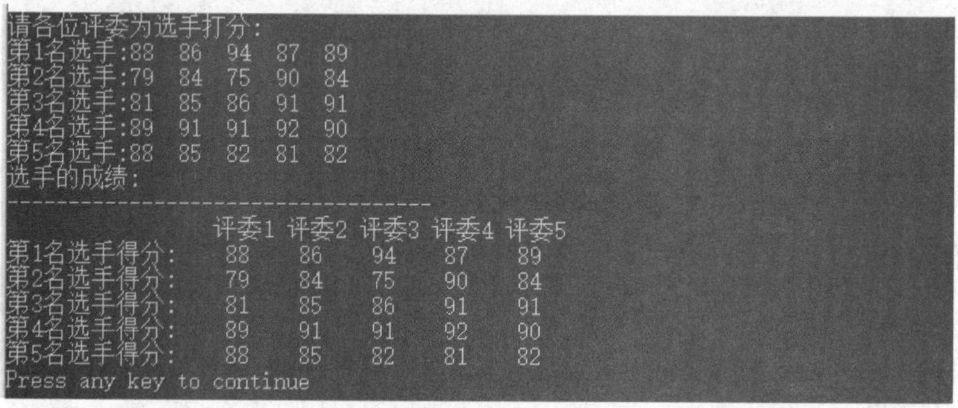

```
请各位评委为选手打分:
第1名选手:88 86 94 87 89
第2名选手:79 84 75 90 84
第3名选手:81 85 86 91 91
第4名选手:89 91 91 92 90
第5名选手:88 85 82 81 82
选手的成绩:
-----------------------------------
              评委1 评委2 评委3 评委4 评委5
第1名选手得分:    88    86    94    87    89
第2名选手得分:    79    84    75    90    84
第3名选手得分:    81    85    86    91    91
第4名选手得分:    89    91    91    92    90
第5名选手得分:    88    85    82    81    82
Press any key to continue
```

图 4-22 程序运行结果

【例 4-23】对上一实例进行完善,录入选手成绩后,输出总分并排序输出。

```
#include "stdio.h"
#define N 5
main()
{
  int i,j,t;
  int score[N][5];
  int sum[N]={0};
  printf("请各位评委为选手打分:\n");
  /*输入成绩*/
  for(i=0;i<N;i++)
  {
```

```
        printf("第%d位选手:",i+1);
        for(j=0;j<5;j++)
        scanf("%d",&score[i][j]);
    }
    /*计算每位选手的总分*/
    for(i=0;i<N;i++)
    {
        for(j=0;j<5;j++)
      sum[i]=sum[i]+score[i][j];
    }

    printf("排序前的选手成绩:\n");
    printf("------------------------------\n");
  printf("        评委1   评委2   评委3   评委4   评委5   总分   \n");
    for(i=0;i<N;i++)
    {
        printf("第%d位选手得分:",i+1);
    for(j=0;j<5;j++)
          printf("%6d",score[i][j]);
        printf("%6d",sum[i]);
        printf("\n");
    }
        /*成绩排序*/
    for(i=0;i<N-1;i++)
        for(j=0;j<N-1-i;j++)
          if(sum[j]<sum[j+1])
          {
              t=sum[j];sum[j]=sum[j+1];sum[j+1]=t;
              t=score[j][0];score[j][0]=score[j+1][0];score[j+1][0]
=t;
              t=score[j][1];score[j][1]=score[j+1][1];score[j+1][1]
=t;
              t=score[j][2];score[j][2]=score[j+1][2];score[j+1][2]
=t;
              t=score[j][3];score[j][3]=score[j+1][3];score[j+1][3]
=t;
              t=score[j][4];score[j][4]=score[j+1][4];score[j+1][4]=
t;
```

```
        }
    printf("--------------------------------\n");
    printf("排序后选手的成绩:\n");
  printf("      评委1  评委2  评委3  评委4  评委5  总分  \n");
    for(i=0;i<N;i++)
    {
        printf("第%d名:",i+1);
    for(j=0;j<5;j++)
           printf("%6d",score[i][j]);
        printf("%6d",sum[i]);
        printf("\n");
    }
  }
```

程序运行结果如图 4-23 所示。

```
请各位评委为选手打分:
第1位选手:89  87  87  85  85
第2位选手:80  82  83  81  82
第3位选手:78  79  80  74  78
第4位选手:91  92  90  88  89
第5位选手:78  75  76  85  81
排序前的选手成绩:
-----------------------------------
                  评委1 评委2 评委3 评委4 评委5 总分
第1位选手得分:    89    87    87    85    85   433
第2位选手得分:    80    82    83    81    82   408
第3位选手得分:    78    79    80    74    78   389
第4位选手得分:    91    92    90    88    89   450
第5位选手得分:    78    75    76    85    81   395
-------------------------------------
排序后选手的成绩:
          评委1 评委2 评委3 评委4 评委5 总分
第1名:    91    92    90    88    89   450
第2名:    89    87    87    85    85   433
第3名:    80    82    83    81    82   408
第4名:    78    75    76    85    81   395
第5名:    78    79    80    74    78   389
Press any key to continue
```

图 4-23 程序运行结果

4.2.3 知识扩展

4.2.3.1 数据查询

在实际开发中,经常需要查询数组中的元素。例如,学校为每位同学分配了 1 个唯一的编号,现在有 1 个数组保存了实验班所有同学的编号信息,如果有家长想知道他的孩子是否进入了实验班,只要提供孩子的编号就可以。如果编号和数组中的某个元素相等,就进入了实验班,否则就没进入。

C语言标准库没有提供与数组查询相关的函数，所以只能自己编写代码。

1）无序数组的查询

所谓无序数组，就是数组元素的排列没有规律。无序数组元素查询的思路也很简单，就是用循环遍历数组中的每个元素，把要查询的值挨个比较一遍。

【例4-24】输入1个数字，判断该数字是否在数组中，如果在，就打印出下标。

```
#include <stdio.h>
main(){
  int nums[10] = {1,10,6,296,177,23,0,100,34,999};
  int i, num, subscript = -1;
  printf("请输入一个整数:");
  scanf("%d", &num);
  for(i=0;i<10;i++){
  if(nums[i]==num){
  subscript = i;
  break;
  }
  }
  if(subscript<0){
  printf("%d不在数组中.\n",num);
  }else{
  printf("%d在数组中,元素下标是: %d\n",num,subscript);
  }
}
```

程序运行结果如图4-24所示。

图4-24　程序运行结果

2）有序数组的查询

查询无序数组需要遍历数组中的所有元素，而查询有序数组只需要遍历其中一部分元素。例如有1个长度为10的整型数组，它所包含的元素按照从小到大的顺序（升序）排列，假设比较到第4个元素时发现它的值大于输入的数字，那么剩下的5个元素就没必要再比较了，肯定也大于输入的数字，这样就减少了循环的次数，提高了执行效率。

【例 4-25】输入 1 个数字，判断该数字是否在数组中，如果在，就打印出下标。

```
#include <stdio.h>
main(){
  int nums[10] = {0,1,6,10,23,34,100,177,296,999};
  int i,num,subscript = -1;
      printf("请输入一个整数:");
  scanf("%d",&num);
  for(i = 0;i<10;i++){
  if(nums[i]>= num){
  if(nums[i]== num){
  subscript = i;
  }
  break;
  }
  }
  if(subscript<0){
      printf("%d不在数组中.\n",num);
  }else{
      printf("%d在数组中,元素下标是: %d\n",num,subscript);
  }
}
```

程序运行结果如图 4-25 所示。

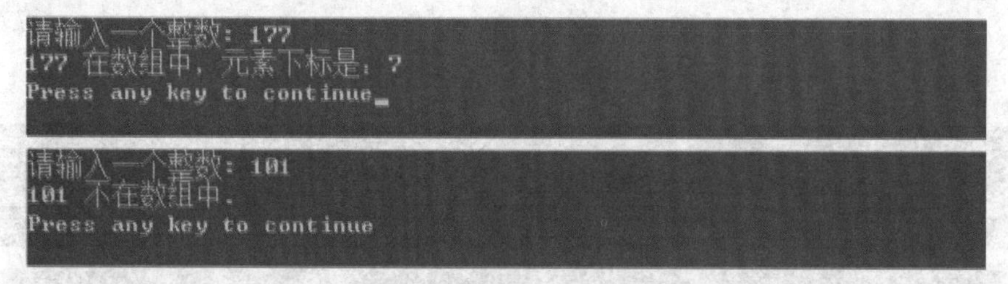

图 4-25　程序运行结果

4.2.3.2　数据插入

在数组的应用中，我们有时会向数组中插入 1 个数据，其实数组中的插入数据，就是数据的比较和移动。

1）无序数组的插入

思路：输入你要插入的下标及要插入的数据，插入点后所有的元素全部都要向后移。

【例 4-26】

```
# include <stdio.h>
```

```
main()
{
  int a[23] = {1,5,66,8,55,9,1,32,5,65,4,8,5,15,64,156,1564,15,1,8,9,7,
215};
  int b[24];  //用来存放插入数字后的新数组,因为又插入了一个值,所以长度为
24
  int Index;  //插入值的下标,Index是"下标"的英文单词
  int num;  //插入的值
  int i;  //循环变量
  printf("请输入插入值的下标:");
  scanf("%d",&Index);
  printf("请输入插入的数值:");
  scanf("%d",&num);
  for(i=0;i<24;++i)
  {
    if(i<Index)
    {
      b[i]=a[i];  /*循环变量i小于插入值位置Index时,每一个元素所放的
位置不变*/
    }
    else if(i==Index)
    {
      b[i]=num;  //i等于Index时,将插入值赋给数组b
    }
    else
    {
      b[i]=a[i-1];  /*因为插入了一个新的元素,所以插入位置后的每一个元
素所存放的位置都要向后移一位*/
    }
  }
  for(i=0;i<24;++i)
  {
    printf("%d\x20",b[i]);
  }
  printf("\n");
}
```

程序运行结果如图 4-26 所示。

```
请输入插入值的下标：5
请输入插入的数值：240
1 5 66 8 55 240 9 1 32 5 65 4 8 5 15 64 156 1564 15 1 8 9 7 215
Press any key to continue
```

图 4-26 程序运行结果

2）有序数组的插入

思路：输入 1 个数据 x，将数组中的数据与 x 逐一比较，如果大于 x，此数据下标和其后数据的下标都加 1，相当于都向后挪一位。

【例 4-27】

```
#include <stdio.h>
void main()
{
    int a[11] = {1,3,5,7,9,11,13,15,17,19};
    int number,i,j;
    printf("请输入你要插入的数\n");
    scanf("%d",&number);
    if(number>a[9])
        a[10] = number;//讨论特殊情况
    else
    {
        for(i = 0;i<10;i++)
        if(a[i]>number)
        {
            for(j = 10;j>i;j--)
                a[j] = a[j-1];//数依次退一位
            a[i] = number;
            break;
        }
    }
    printf("插入后的新的数组为\n");
  for(i = 0;i<11;i++)
        printf("%-3d",a[i]);
    printf("\n");
  }
```

程序运行结果如图 4-27 所示。

```
请输入你要插入的数
12
插入后的新的数组为
1 3 5 7 9 11 12 13 15 17 19
Press any key to continue
```

图 4-27 程序运行结果

4.2.3.3 数据删除

在数组的应用中,有时需要进行删除。基本思路是使后面数组元素前移的操作,来覆盖前一元素,达到删除的效果。

【例 4-28】

```
# include <stdio.h>
main()
{
    int a[23] = {1,5,66,8,55,9,1,32,5,65,4,8,5,15,64,156,1564,15,1,8,9,7,
215};
    int b[22];  /* 用来存放删除数字后的新数组,因为删除了一个值,所以长度为
22 */
    int Index;  //要删除的值的下标
    int i;  //循环变量
    printf("请输入要删除的值的下标:");
    scanf("%d",&Index);
    for(i = 0;i<23; ++i)
    {
      if(i<Index)
      {
        b[i] = a[i];/* 循环变量 i 小于插入值位置 Index 时,每一个元素所存放的
位置不变 */
      }
      else
      {
        b[i] = a[i + 1];/* 删除值后面的元素都往前移一位,要删除的值直接被覆
盖 */
      }
    }
    for(i = 0;i<22; ++i)
    {
      printf("%d\x20",b[i]);  // \x20 表示空格
```

```
    }
    printf("\n");
    }
```

程序运行结果如图 4-28 所示。

```
请输入要删除的值的下标：4
1 5 66 8 9 1 32 5 65 4 8 5 15 64 156 1564 15 1 8 9 7 215
Press any key to continue
```

图 4-28　程序运行结果

4.2.4　举一反三

在本任务中，介绍了一维数组及二维数组的定义、引用、初始化及数组的排序，下面通过实例来进一步掌握前面所介绍的知识。

【例 4-29】下列关于数组概念的描述中，错误的是(　　)。

A. 数组中所有元素类型是相同的

B. 数组定义后，它的元素个数是可以改变的

C. 数组在定义时可以被初始化，也可以不被初始化

D. 数组元素的个数与定义时的每维的大小有关

答案：B

解析：C 语言数组创建时需要定义大小，以后不能随意改变。

【例 4-30】已知：int a[5]={1,2,3,4,5}；下列数组元素值为 2 的数组元素是(　　)。

A. a[0]　　B. a[1]　　C. a[2]　　D. a[3]

答案：B

解析：数组是从 0 开始的，即 a[0]=1，a[1]=2，a[2]=3，a[3]=4，a[4]=5 所以答案是 B。

【例 4-31】以下对一维数组 a 的定义中正确的是(　　)。

A. char a(10)　　B. int　a[0…100]

C. int　a[5]　　D. int　k=10;int a[k]

答案：C

解析：一维数组定义的一般形式为：

```
类型标识符　数组名[常量表达式]
```

其中，常量表达式可以是任意类型，一般为算术表达式，其值表示数组元素的个数即数组长度。

【例 4-32】以下对二维数组的定义中正确的是(　　)。

A. int a[4][]={1,2,3,4,5,6}　　B. int a[][3]

C. int a[][3]={1,2,3,4,5,6}　　D. int a[][]={{1,2,3},{4,5,6}}

答案：C

解析：定义二维数组时，若按一维格式初始化，则第一维的长度可以省略，此时，系统可根据初始化列表中值的个数及第二维的长度计算出省略的第一维长度，但无论如何，第二维的长度不能省略。没有初始化时，每一维的长度都不能省略。

【例4-33】若有定义：int a[2][4];，则引用数组元素正确的是（　　）。

A. a[0][3]　　B. a[0][4]　　C. a[2][2]　　D. a[2][2+1]

答案：A

解析：引用二维数组元素时，行下标范围为0～行数-1，列下标范围为0～列数-1。

【例4-34】以下程序的输出结果是（　　）。

```
main()
{int a[4][4] = {{1,3,5},{2,4,6},{3,5,7}};
 printf("%d%d%d%d\n",a[0][3],a[1][2],a[2][1],a[3][0]);
}
```

A. 0650　　B. 1470　　C. 5430　　D. 输出值不定

答案：A

解析：定义的数组a为4行4列，且前3行3列元素已初始化，根据C语法规定，未初始化的元素值为0。

【例4-35】以下程序的输出结果是________。

```
main()
{
int m[][3] = {1,4,7,2,5,8,3,6,9};int i,j,k = 2;
for(i = 0;i<3;i++){printf("%d",m[k][i]);}
}
```

答案：3 6 9

解析：根据初始化列表中值的个数和第二维的长度，可求得第一维长度为3。第一行的元素值依次为1,4,7；第二行元素值依次为2,5,8；第三行元素值依次为3,6,9。循环执行3次，依次输出行标为2的3个元素，即第三行的3个元素。

【例4-36】以下程序的输出结果是________。

```
main()
{int b[3][3] = {0,1,2,0,1,2,0,1,2},i,j,t = 0;
 for(i = 0;i<3;i++)
 for(j = i;j<= i;j++)
 t = t + b[i][b[j][j]];
 printf("%d\n",t);
}
```

答案：3

解析：程序中，引用的b数组元素的行下标为循环变量i，列下标为数组元素b[j][j]。外层循环共进行3次，对于每次外循环，内层循环只执行一次(即j=i)，所以变量t的值为元素b[0][b[0][0]]、b[1][b[1][1]]、b[2][b[2][2]]的和。由于数组元素b[0][0]、b[1][1]、b[2][2]的值分别为0、1、2，所以t的值为0+0+1+2=3。

【例4-37】编写程序，定义1个含有30个元素的整型数组，按顺序分别赋予从2开始的偶数，然后按每行10个数据输出。

```
#include <stdio.h>
main()
{
   int a[30],i,k=2;
   for(i=0;i<30;i++)
   {
     a[i]=k;
     k+=2;
     printf("%4d",a[i]);
     if((i+1)%10==0)printf("\n");
   }
}
```

程序运行结果如图4-29所示。

```
   2   4   6   8  10  12  14  16  18  20
  22  24  26  28  30  32  34  36  38  40
  42  44  46  48  50  52  54  56  58  60
Press any key to continue
```

图4-29 程序运行结果

【例4-38】在歌手大奖赛中，输入10名选手成绩，求最高分和最低分。

```
#include <stdio.h>
main()
{
    int a[10],i,min,max;
    for(i=0;i<10;i++)
    scanf("%d",&a[i]);
    min=max=a[0];
    for(i=1;i<10;i++)
    {
```

```
        if(a[i]<min) min=a[i];
         if(a[i]>max) max=a[i];
        }
      printf("Maxinum value is %d\n",max);
      printf("Mininum value is %d\n",min);
  }
```

程序运行结果如图 4-30 所示。

```
89 85  87  86  91  78  92  78  93  96
Maxinum value is 96
Mininum value is 78
Press any key to continue
```

图 4-30 程序运行结果

【例 4-39】设有 1 个 3 行 4 列放入二维数组 a,编写程序,通过键盘输入数组元素,然后计算每行元素的平均值并输出。

分析:

① 使用二重循环,进行数组元素的输入。

② 每行的平均值可以存放在另一个一维实型数组 ave[3]中。

```
#include <stdio.h>
main()
{  int a[3][4],i,j,s;
   float ave[3]={0};
   printf("Input data:\n");
   for(i=0;i<3;i++)              /*0,1,2   行*/
     for(j=0;j<4;j++)            /*0,1,2,3 列*/
          scanf("%d",&a[i][j]);
   for(i=0;i<3;i++)
    {       s=0;
            for(j=0;j<4;j++)
              s=s+a[i][j];
            ave[i]=s/(float)4;
     }
            printf("Array a::\n");
   for(i=0;i<3;i++)
      {for(j=0;j<4;j++)
              printf("%6d", a[i][j]);
```

```
        printf("\n");
          }
          printf("Average::\n");
          for(i=0;i<3;i++)
              printf("%6.2f",ave[i]);
      }
```

程序运行结果如图 4-31 所示。

```
Input data:
1 5 6 9
2 8 6 8
2 6 3 1
Array a::
     1     5     6     9
     2     8     6     8
     2     6     3     1
Average::
  5.25  6.00  3.00
Press any key to continue
```

图 4-31　程序运行结果

【例 4-40】已知一维整型数组 a 中的数已按由小到大的顺序排列,编写程序,删去一维数组中所有相同的数,使之只剩 1 个。

分析:从数组 a 的第 2 个元素开始,与前面保留的最后 1 个元素作比较,若不相等,则前移。重复此操作,直到数组 a 的最后 1 个元素为止。

```
#include <stdio.h>
#define  N  20
main()
{int a[N]={2,2,2,3,4,4,5,6,6,6,6,7,7,8,9,9,10,10,10,10};
 int i,j;
 printf("The original data:\n");
 for(i=0;i<N;i++)
  printf("%3d",a[i]);
 for(j=1,i=1;i<N;i++)
  if(a[j-1]!=a[i])  a[j++]=a[i];
 printf("\n\nThe data after deleted:\n");
 for(i=0;i<j;i++)
  printf("%3d",a[i]);
}
```

程序运行结果如图 4-32 所示。

```
The original data :
  2  2  2  3  4  4  5  6  6  6  6  7  7  8  9  9 10 10 10 10

The data after deleted :
  2  3  4  5  6  7  8  9 10
Press any key to continue
```

图4-32　程序运行结果

4.2.5　实践训练

经过前面的学习，大家已了解了一维数组及二维数组的主要用法，下面自己动手解决一些实际问题。

4.2.5.1　初级训练

1. 以下能正确定义二维数组的是(　　)。

A. int a[][3];　　B. int a[][3]={2*3};

C. int a[][3]={};　　D. int a[2][3]={{1},{2},{3,4}};

2. 以下程序的输出结果是(　　)。

A. 159　　B. 147　　C. 357　　D. 369

```
main()
{int i,x[3][3]={1,2,3,4,5,6,7,8,9};
 for(i=0;i<3;i++)printf("%d",x[i][2-i]);
}
```

3. 下列程序的输出结果是________。

```
main()
{int x[6],a=0,b,c=14;
 do
 { x[a]=c%2;a++;c=c/2;}while(c>=1);
 for(b=a-1;b>=0;b--)
  printf("%d",x[b]);
 printf("\n");
}
```

4. 下列程序的输出结果是________。

```
main()
{int i,n[6]={0};
 for(i=1;i<=4;i++)
 { n[i]=n[i-1]*2+1;
```

```
  printf(" %d ",n[i]);
 }
}
```

5. 下列程序的输出结果是________。

```
main()
{char a[] = " * * * * * ";
 int i,j,k;
 for(i = 0;i<5;i + + )
 { printf("\n");
   for(j = 0;j<i;j + + ) printf(" %c",' ');
    for(k = 0;k<5;k + + )printf(" %c",a[k]);
 }
}
```

6. 下列程序的功能是检查1个N*N矩阵是否对称(即判断是否所有的a[i][j]等于a[j][i]),请填空。

```
# include <stdio.h>
#define N 4
main()
{int a[N][N] = {1,2,3,4,2,2,5,6,3,5,3,7,4,6,7,4};
 int i,j,found = 0;
 for(j = 0;j<N - 1;j + + )
 for(________;i<N;i + + )
 if(a[i][j]!= a[j][i])
 { ________;
 break;
 }
 if(found) printf("No");
 else printf("Yes");
}
```

提示：设置判断标志found,初始值为0。令主对角线以上的每个元素分别与对称元素比较,若不相等,则将found设置为1并结束比较。循环结束后,根据found的值确定是否对称。

7. 下列程序的功能是输出数组s中最大元素的下标。

```
main()
{int k,i;
 int s[] = {3, - 8,7,2, - 1,4};
```

```
  for(i = 0,k = i;i<6;i + + )
   if(s[i]>s[k])________;
  printf("k = %d\n",k);
 }
```

8. 下列程序的功能是将数组 a 的元素按行求和并存储到数组 s 中。

```
 main()
 {int s[3] = {0};
  int a[3][4] = {{1,2,3,4},{5,6,7,8},{9,10,11,12}};
  int i,j;
  for(i = 0;i<3;i + + )
  { for(j = 0;j<4;j + + )
    ________;
    printf(" %d\n",s[i]);
  }
 }
```

9. 输入 10 个数,将其中最小数与第 1 个数交换,将最大数与最后 1 个数交换。

提示:用一维数组 a 存放输入的 10 个数,在数组中找出最小元素和最大元素的下标 maxi 和 mini,若 maxi=0 且 mini=9,则 a[0]和 a[9]交换即可,若 maxi=0 且 mini≠9,则先交换 a[0]和 a[maxi],然后再交换 a[9]和 a[mini],否则,先交换 a[0]和 a[mini],然后再交换 a[9]和 a[maxi]。

10. 编写程序,将一维数组 x 中大于平均值的数据移至数组的前部,小于等于平均值的数据移至数组的后部。

提示:先计算一维数组 x 的平均值,然后将大于平均值的数据存入数组 y 的前部,小于等于平均值的数据存入数组 y 的后部,最后将数组 y 复制到数组 x。

4.2.5.2 深入训练

1. 有 n 个人围成 1 个圈子,从第 1 个人开始报数(从 1 到 3 报数),凡报到 3 的人退出圈子,问最后留下的是原来的第几号。

提示:将此问题转化为一维数组来处理,先将数组 a 中的 n 个元素分别赋初值 1 到 n,然后从 a[0]开始,按顺序查找第 3 个值不为 0 的数组元素,若到 a[$n-1$]还没找到,再从 a[0]开始,找到后将其值赋为 0;再从刚赋 0 的元素的下一个元素开始按上述方法查找第 3 个值不为 0 的数组元素,并将其值赋为 0,依此下去,直到数组 a 中只有 1 个不为 0 的元素为止,这个值不为 0 的元素下标就是所求。

2. 给定 1 个一维数组,任意输入 6 个数,假设为 1、2、3、4、5、6。建立 1 个具有以下内容的方阵存入二维数组中。

1 2 3 4 5 6

2 3 4 5 6 1

3 4 5 6 1 2

4 5 6 1 2 3

5 6 1 2 3 4

6 1 2 3 4 5

提示：把一维数组元素存入二维数组的第1行，然后将一维数组的所有元素右移1位，移出去的元素存入第1位；再把一维数组元素存入二维数组的第2行，然后将一维数组的所有元素右移1位，移出去的元素存入第1位。依次下去，执行6次为止。

3. 数组a中存放10个4位十进制整数，统计千位和十位之和与百位和个位之和相等的数据个数，并将满足条件的数据存入数组b中。

提示：依次取出数组a中每一个元素的个位、十位、百位和千位，并判断是否满足条件，若满足，则存入数组b，否则不存。

4. 张、王、李三家各有3个小孩。一天，三家的9个孩子在一起比赛短跑，规定不分年龄大小，跑第一得9分，跑第二得8分，依次类推。比赛结果显示各家的总分相同，且这些孩子没有同时到达终点的，也没有一家的2个或3个孩子获得相连的名次。已知获第一名的是李家的孩子，获第二名的是王家的孩子。获得最后一名的是谁家的孩子？

提示：按题目的条件，共有1+2+3+…+9=45分，每家孩子的得分应为15分。根据题意可知，获第一名的是李家的孩子，获第二名的是王家的孩子，则可推出：获第三名的一定是张家的孩子；由“这些孩子没有同时到达终点的”可知：名次不能并列；由“没有一家的两个或三个孩子获得相连的名次”可知：第四名不可能是张家的孩子。

4.3 任务3　多名选手信息录入

4.3.1　任务的提出与实现

4.3.1.1　任务提出

对多名选手比赛，现要求录入选手信息，并输出参赛选手名单。

4.3.1.2　具体实现

为了程序运行简单，假设只有5名选手。

```
#include "stdio.h"
#include "string.h"
#define N 5
main()
{
  char name[N][12];
  int i;
  printf("请输入%d名选手的姓名:\n",N);
  for(i=0;i<N;i++)
  gets(name[i]);
```

```
    printf("----------------\n");
    printf("参赛选手的名单:\n",N);
    printf("----------------\n");
    for(i=0;i<N;i++)
    puts(name[i]);
  }
```

程序运行结果如图 4-33 所示。

图 4-33 程序运行结果

从上面这段程序,可知要掌握的知识点为:

① 字符数组的定义及初始化。

② 字符数组的使用。

4.3.2 相关知识

4.3.2.1 字符数组的定义及初始化

1) 一维字符数组的定义

字符数组的定义形式和元素的引用方法与一般数组相同,只是在定义字符数组时,使用的类型标识符是 char。

格式:

```
char 数组名[常量表达式];
```

例:char ch[10];

ch[0]='L';ch[1]='o';ch[2]='n';ch[3]='g';

它表示定义了 1 个长度为 10 的一维字符数组,可以存放 10 个字符。这里用赋值语句给前 4 个数组元素赋了值。

2) 一维字符数组的初始化

在定义字符数组的同时有 3 种赋初值方式。

(1) 逐个为数组各元素赋初值

例：char str[8]={'H','e','l','l','o'};

这时，系统将在字符串末尾自动加上'\0'。这里的'\0'仅仅是字符串结束标志，计算字符串长度时，不会将该字符计算在内，即计算字符串长度时不包括该字符。在定义字符数组时，通常要在数组的末尾留出1个数组元素存放字符'\0'。

(2) 可省略数组长度

char c[ ]={'H','e','l','l','o','\0'};

如果要省略数组长度，必须在字符数组末尾加上'\0'。

(3) 用字符串给数组赋初值

例：char str[6]={"Hello"};

它的等价形式有：

char str[6]="Hello";或 char str[ ]={"Hello"};

说明：

① 用字符初始化时，不要求最后一个字符一定为'\0'。

② 用字符串为字符数组赋初值比用字符常数赋值时要多占一个字节。

4.3.2.2 二维字符数组

1) 二维字符数组的定义

二维字符的定义方式为：

```
char 数组名[常量表达式1][常量表达式2];
```

例：char c[3][10];

它表示定义了1个3行10列的二维字符数组c，由于该二维数组的每一行c[0]、c[1]、c[2]均是含有10个元素的一维字符数组，即二维数组的每一行均可表示1个字符串。

2) 二维字符数组的初始化

通常情况下，二维数组的每一行分别使用一个字符串进行初始化。

例：char c[3][8]={{"apple"},{"orange"},{"banana"}};

等价于：char c[3][8]={"apple","orange","banana"};以上两条初始化语句中，二维数组的第一维大小均可省略。

4.3.2.3 字符数组的输入与输出

1) 标准输入/输出函数 scanf()和 printf()

① 用%c 对字符数组元素逐个输入、输出字符。

② 用%s 对字符数组整体输入或输出字符串。

说明：

① scanf 函数参数要求的是地址，故直接用字符数组名进行操作。字符数组名表示的是该数组的首地址，因此使用格式符%s 可以实现字符串整体的输入和输出。

② scanf 函数虽然给多个字符的输入提供了简便的方法，但对于有空格的字符串的输入却有限制。

③ 输出字符不包括结束符'\0'。

④ 用%s格式符输出字符串时，输出项只能是字符数组名，不能是数组元素名。
⑤ %s输入字符串时，遇空格、回车符、Tab结束输入，不能接收空格。
⑥ 若1个字符数组中含有1个或多个"\0"，则遇到第1个"\0"时结束输出。

【例4-41】scanf逐个字符输入。

```
#include<stdio.h>
main(){
  char c[10];
  int i;
  printf("请输入多个字符(不多于10个):");
  for(i=0;i<10;i++)
          scanf("%c",&c[i]);
  printf("输出的字符:\n");
    for(i=0;i<10;i++)
      printf("%c",c[i]);
}
```

程序运行结果如图4-34所示。

```
请输入多个字符(不多于10个): chineseman
输出的字符:
chineseman
Press any key to continue
```

图4-34　程序运行结果

【例4-42】scanf输入1个字符串。

```
#include<stdio.h>
main(){
  char c[10];
  printf("请输入多个字符(不多于10个):");
  scanf("%s",c);  /*数组名代表数组的首地址*/
  printf("输入的多个字符为: %s\n",c);
}
```

程序运行结果如图4-35所示。

```
请输入多个字符(不多于10个): hello
输入的多个字符为: hello
Press any key to continue
```

图4-35　程序运行结果

2）字符串输入/输出函数 gets()和 puts()

(1) 字符串输入函数：gets 函数

格式：

```
gets(字符数组名);
```

作用：将输入的字符串赋予字符数组。输入时，遇第 1 个回车符结束输入。可接收空格、制表符。

注意： gets()函数同 scanf()函数一样，在读入 1 个字符串后，系统自动在字符串后加上 1 个字符串结束标志'\0'。

【例 4-43】函数 gets()与 scanf()的区别。

```
#include <stdio.h>
main()
{char str1[20],str2[20];
 gets(str1);
 scanf("%s",str2);
 printf("str1: %s\n",str1);
 printf("str2: %s\n",str2);
}
```

程序运行结果如图 4-36 所示。

```
hello world
hello world
str1: hello world
str2: hello world
Press any key to continue
```

图 4-36 程序运行结果

通过上面程序可以看出，函数 gets()只能 1 次输入 1 个字符串。

(2) 字符串输出函数：puts 函数

格式：

```
puts(字符数组名);或 puts(字符串);
```

作用：输出字符数组的值，遇'\0'结束输出。

注意： puts()1 次只能输出 1 个字符串，输出字符串后自动换行。可以输出转义字符。gets()函数同 scanf()函数一样，在读入 1 个字符串后，系统自动在字符串后加上 1 个字符串结束标志'\0'。

【例 4-44】函数 gets()与 scanf()的区别。

```
#include <stdio.h>
```

```
main()
{char str1[ ] = "student",str2[ ] = "teacher";
 puts(str1);
 puts(str2);
 printf(" %s",str1);
 printf(" %s\n %s\n",str1,str2);
}
```

程序运行结果如图 4-37 所示。

```
student
teacher
studentstudent
teacher
Press any key to continue
```

图 4-37 程序运行结果

通过上一程序可以看出：printf()函数可以同时输出多个字符串，并且能灵活控制是否换行，所以 printf()函数比 puts()函数更为常用。

4.3.3 知识扩展

4.3.3.1 字符串连接函数

格式：

```
strcat(字符数组 1,字符串 2);
```

作用：连接两个字符数组中的字符串，将字符串 2 连接到字符数组 1 的后面，结果放在字符数组 1 中。

例：char stra[30];

strcat(stra,"how are you");

【例 4-45】strcat()的练习。

```
#include <stdio.h>
#include <string.h>
main(){
   char str1[100];
   char str2[60];
   printf("请输入字符数组 1:");
   gets(str1);
   printf("请输入字符串 2:");
   gets(str2);
```

```
    strcat(str1,str2);
    printf("连接后的字符为:");
    puts(str1);
}
```

程序运行结果如图 4-38 所示。

```
请输入字符数组1: 早上好!
请输入字符串2: 谢谢!
连接后的字符为: 早上好! 谢谢!
Press any key to continue
```

图 4-38 程序运行结果

4.3.3.2 字符串拷贝函数

格式:

```
strcpy(字符数组1,字符串2);
```

作用:将字符串 2 拷贝到字符数组 1 中,只复制第 1 个'\0'前的内容(含'\0')。

【例 4-46】strcpy()的练习。

```
#include <stdio.h>
#include <string.h>
main(){
  char str1[50] = "C语言是面向过程的编程语言";
  char str2[50] = "Java是面向对象";
  strcpy(str1,str2);
  printf("str1: %s\n",str1);
}
```

程序运行结果如图 4-39 所示。

```
str1: Java是面向对象
Press any key to continue
```

图 4-39 程序运行结果

4.3.3.3 字符串比较函数

格式:

```
strcmp(字符串1,字符串2)
```

其中字符串 1、字符串 2 可以是字符串常量,也可以是一维字符数组。如:

strcmp(str1,str2);

strcmp("Tianjing","Shanghai");

strcmp(str1,"beijing")

作用：比较两个字符串的大小。

返回值：若字符串 1 和字符串 2 相同，则返回 0；若字符串 1 大于字符串 2，则返回大于 0 的值；若字符串 1 小于字符串 2，则返回小于 0 的值。

注意：字符本身没有大小之分，strcmp()以各个字符对应的 ASCII 代码值进行比较。strcmp()从两个字符串的第 0 个字符开始比较，如果它们相等，就继续比较下一个字符，直到遇见不同的字符，或者到字符串的末尾。

【例 4-47】strcmp()的练习。

```
#include <stdio.h>
#include <string.h>
main(){
    char a[10] = "hello";
    char b[10] = "HELLO";
    char c[10] = "hello";
    char d[10] = "hello";
    printf("a VS b: %d\n", strcmp (a,b));
    printf("a VS c: %d\n", strcmp (a,c));
    printf("a VS d: %d\n", strcmp (a,d));
  }
```

程序运行结果如图 4-40 所示。

```
a VS b: 1
a VS c: -1
a VS d: 0
Press any key to continue
```

图 4-40 程序运行结果

4.3.4 举一反三

在本任务中，介绍了字符数组的定义、初始化及输入和输出，下面通过实例来进一步掌握前面所介绍的知识。

【例 4-48】若定义 1 个名为 s 且初值为"123"的字符数组，则下列定义错误的是(　　)。

A. char s[]={'1','2','3','\0'};　　B. char s[]={"123"};

C. char s[]={"123\n"};　　D. char s[4]={'1','2','3'};

答案：C

解析：字符数组中所存字符中有'\0'时，字符数组才能作为字符串使用。选项 A 是用字符常量对字符数组初始化，且最后1个元素的值为字符串结束标记('\0')，所以数组s中存放的就是字符串"123"；选项D是用字符常量对部分元素初始化，根据C语言的规定，系统为第4个元素赋初值为空值，即'\0'，所以数组s中存放的也是字符串"123"。选项B是直接使用字符串"123"对字符数组初始化；选项C也是使用字符串初始化，但是字符串不是"123"，而是"123\n"，数组长度为5。

【例4-49】设有定义：char s[12]="string"；则 printf("%d",strlen(s))；的输出结果是( )。

A. 6 B. 7 C. 11 D. 12

答案：A

解析：函数strlen()的功能是返回字符串中第一个'\0'之前的字符个数，所以输出结果为6。

【例4-50】语句strcat(strcpy(str1,str2),str3)；的功能是( )。

A. 将字符串str1复制到字符串str2中后再连接到字符串str3之后

B. 将字符串str1连接到字符串str2中后再复制到字符串str3之后

C. 将字符串str2复制到字符串str1后再将字符串str3连接到字符串str1之后

D. 将字符串str2连接到字符串str1后再将字符串str1复制到字符串str3中

答案：C

解析：先执行strcpy(str1,str2)，即将字符串str2复制到字符串str1中，再执行strcat(str1,str3)，即将字符串str3连接到字符串str1之后。

【例4-51】若有如下定义，则正确的叙述为( )。

char x[]="abcdefg"；

char y[]={'a','b','c','d','e','f','g'}；

A. 数组x和数组y等价 B. 数组x和数组y的长度相同

C. 数组x的长度大于数组y的长度 D. 数组y的长度大于数组x的长度

答案：C

解析：char y[]={'a','b','c','d','e','f','g','\0'}；等价于 char x[]="abcdefg"；，x的长度比y大，所以C是正确的。

【例4-52】下面程序的运行结果是________。

```
#include "stdio.h"
main()
{int i,c;
 char num[][4]={"CDEF","ACBD"};
 for(i=0;i<4;i++)
 { c=num[0][i]+num[1][i]-2*'A';
 printf("%3d",c);
 }
}
```

答案：2 5 5 8

解析: 程序的功能是从左向右依次输出2个字符串对应字符的ASCII代码之和与130的差值。

【例4-53】下面程序的运行结果是________。

```
#include <stdio.h>
 main()
 { char a[] = "*****";
   int i,j,k;
   for(i = 0;i<5;i++)
   { printf("\n");
     for(j = 0;j<i;j++) printf("%c",' ');
      for(k = 0;k<5;k++) printf("%c",a[k]);
 }
}
```

答案:

```
*****
 *****
  *****
   *****
    *****
```

解析: 此程序的功能是输出5行"*"号,每行有5个"*",且从上到下每行向右进一列。

【例4-54】输入3名选手的姓名,按ASCII代码从小到大的顺序排序。

```
#include "stdio.h"
#include "string.h"  /*因为用到strcmp()和strcpy()函数*/
main()
{ char name1[10],name2[10],name3[10];
  char tt[20];
  printf("请输入姓名:\n");
  gets(name1);
  gets(name2);
  gets(name3);
  if(strcmp(name1,name2)>0)
  {
      strcpy(tt,name1);strcpy(name1,name2);strcpy(name2,tt);
  }
  if(strcmp(name1,name3)>0)
  {
      strcpy(tt,name1);strcpy(name1,name3);strcpy(name3,tt);
```

```
    }
    if(strcmp(name2,name3)>0)
    {
        strcpy(tt,name2);strcpy(name2,name3);strcpy(name3,tt);
    }
    printf("输出的姓名为:\n");
    puts(name1);
    puts(name2);
    puts(name3);
}
```

程序运行结果如图 4-41 所示。

```
请输入姓名:
王明
李丽
赵一鹏
输出的姓名为:
李丽
王明
赵一鹏
Press any key to continue
```

图 4-41 程序运行结果

【例 4-55】设计 1 个加密和解密算法。在对 1 个指定的字符串加密之后,利用解密函数能够对密文解密,显示明文信息。加密的方式是将字符串中每个字符加上它在字符串中的位置和 1 个偏移值 5。以字符串"mrsoft"为例,第 1 个字符"m"在字符串中的位置为 0,那么它对应的密文是"'m'+0+5",即 r。

解析: 在 main()函数中使用 while 语句设计 1 个无限循环,并定义两个字符数组,用来保存明文和密文字符串。在首次循环中要求用户输入字符串,进行将明文加密成密文的操作,之后的操作则是根据用户输入的命令字符进行判断,输入 1 加密新的明文,输入 2 对刚加密的密文进行解密,输入 3 退出系统。

```
#include <stdio.h>
#include <string.h>
main()
{
    int result = 1;
    int i;
    int count = 0;
    char Text[128] = {'\0'};
```

```
    char cryptograph[128] = {'\0'};
    while(1)
    {
      if(result = =1)
      {
        printf("请输入要加密的明文:\n");
        scanf(" % s",&Text);
        count = strlen(Text);
        for(i = 0;i<count;i + + )
        {
          cryptograph[i] = Text[i] + i + 5;
        }
        cryptograph[i] = '\0';
        printf("加密后的密文是: % s\n",cryptograph);
      }
      else if(result = = 2)
      {
        count = strlen(Text);
        for(i = 0;i<count;i + + )
        {
          Text[i] = cryptograph[i] - i - 5;
        }
        Text[i] = '\0';
        printf("解密后的明文是: % s\n",Text);
      }
      else if(result = = 3)
      {
        break;
      }
      else
      {
        printf("请输入正确的命令符:\n");
      }
      printf("输入 1 加密新的明文,输入 2 对刚加密的密文进行解密,输入 3 退出系
统:\n");
      printf("请输入命令符:\n");
      scanf(" % d",&result);
    }
  }
```

程序运行结果如图 4-42 所示。

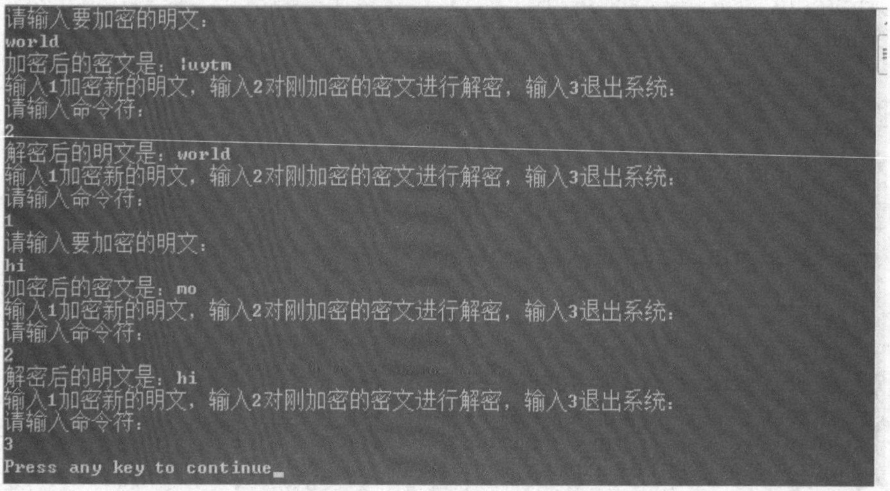

```
请输入要加密的明文：
world
加密后的密文是：!uytm
输入1加密新的明文，输入2对刚加密的密文进行解密，输入3退出系统：
请输入命令符：
2
解密后的明文是：world
输入1加密新的明文，输入2对刚加密的密文进行解密，输入3退出系统：
请输入命令符：
1
请输入要加密的明文：
hi
加密后的密文是：mo
输入1加密新的明文，输入2对刚加密的密文进行解密，输入3退出系统：
请输入命令符：
2
解密后的明文是：hi
输入1加密新的明文，输入2对刚加密的密文进行解密，输入3退出系统：
请输入命令符：
3
Press any key to continue
```

图 4-42　程序运行结果

4.3.5　实践训练

经过前面的学习，大家已了解了字符数组的主要用法，下面自己动手解决一些实际问题。

4.3.5.1　初级训练

1. 程序改错题。(下列程序中有 1 个错误，找出并改正)

下列程序的功能是输入 1 个字符串，然后再输出。

```
main()
{char a[20];
 int i=0;
 scanf("%s",&a);
 while(a[i]) printf("%c",a[i++]);
}
```

2. 下列程序的功能是将 1 个字符串 str 的内容颠倒过来。

```
#include "string.h"
  main()
  { int i,j,k;
    char str[]="1234567";
    for(i=0,j=________;i<j;i++,j--)
    { k=str[i];str[i]=str[j];str[j]=k;}
    printf("%s\n",str);
}
```

3. 下列程序的功能是把输入的十进制长整型数以十六进制数的形式输出。

```
main()
{char b[] = "0123456789ABCDEF";
 int c[64],d,i = 0,base = 16;
 long n;
 scanf("%ld",&n);
 do
 {c[i] = ________;i++;n = n/base;
 }while(n!= 0);
 for(--i;i>= 0;--i)
 { d = c[i];printf("%c",b[d]);}
}
```

4. 输入1个字符串存入数组a,对字符串中的每个字符用加3的方法加密并存入数组b,再对b中的字符串解密存入数组c,最后依次输出数组a、b、c中的字符串。

5. 输入1个字符串,输出每个大写英文字母出现的次数。

6. 把从键盘输入的字符串逆置存放并输出。

7. 从键盘上输入4个字符串(长度小于80),对其进行升序排序并输出。

4.3.5.2 深入训练

1. 将1个英文句子中的前后单词逆置(单词之间用空格隔开)。

如:how old are you

逆置后为:you are old how

提示:先将整个英文句子逆置,然后再将每个单词逆置。

2. 将1个小写英文字符串重新排列,按字符出现的顺序将所有相同字符存放在一起。

如:acbabca

排列后为:aaaccbb

提示:新开辟1个数组,从字符串的第1个非空格字符开始,把该字符和与该字符相同的字符都存入该数组,同时用空格代替原字符串中的相应字符;再从字符串的第1个非空格字符开始,把该字符和与该字符相同的字符都存入该数组,同时用空格代替原字符串中的相应字符,依次下去,直到原字符串变为空格串为止。

3. 编写程序,实现2个字符串的比较。不许使用字符串比较函数strcmp()。

项目4　选手成绩汇总

技能目标

(1) 具备编写和阅读模块化结构的程序的能力。

(2) 具备运用函数处理多个任务的能力。

知识目标

(1) 熟悉掌握自定义函数的定义及调用方法。

(2) 理解函数的原型。

(3) 学会编写和调用无参函数。

(4) 掌握函数的嵌套和递归调用。

课程思政与素质

(1) 通过结构化的程序分析,培养学生工程项目分析能力和管理能力。

(2) 通过结构化的程序编写,加强学生的团队精神及合作能力。

(3) 通过结构体的学习,可以开拓学生思维,同时培养学生理论与实际相结合的思维习惯。

(4) 通过递归函数的定义,说明言传身教的重要性。

项目要求

设有10名选手(编号为1~10)参加歌咏比赛,分初赛和决赛,另有5名评委打分。工作人员统计信息:①计算出每位选手的初赛得分(扣除一个最高分和一个最低分后的平均分,最终得分保留2位小数);②计算出每位选手的决赛得分(扣除一个最高分和一个最低分后的平均分,最终得分保留2位小数);③按比赛最终得分(最终得分=初赛平均分*30%+决赛平均分*70%)由高到低的顺序输出每位选手的编号及最终得分。计算出每位选手的最终得分,按最终得分由高到低的顺序输出如图5-1所示。

项目分析

项目完成的功能相对较多，为了使程序结构清晰，将项目进行分解。A 为总负责工作人员；B 为计算出每位选手的初赛得分；C 为计算出每位选手的决赛得分；D 为按最终得分（初赛成绩 30%＋决赛成绩 70%）由高到低的顺序输出每位选手的编号及最终得分，即制作菜单，并根据需要调用相应的函数。

我们将 B、C、D 称为函数，A 称为主函数。一个完整的 C 程序是由函数组成，即函数是 C 程序的基本模块，通过函数模块的调用实现各种各样的功能。在每个程序中，主函数 main()是必须的，所有程序的执行都是从 main()开始的，而不论 main 函数在程序中的位置。可以将 main 函数放在整个程序的最前面，也可以放在整个程序的最后，或者放在其他函数之间。通常 main()函数调用其他函数，但不能被其他函数调用。如果不考虑函数的功能和逻辑，其他函数没有从属关系，可以相互调用。在前面各项目中介绍的程序都只有一个主函数 main()，但实用程序往往由多个函数组成。

所以，将本项目分解成两个任务：任务 1 是选手初赛成绩统计；任务 2 是选手决赛成绩统计。

任务 1　选手初赛成绩统计

5.1.1　任务的提出与实现

5.1.1.1　任务提出

设有 10 名选手（编号为 1～10）参加歌咏比赛初赛，另有 5 名评委打分。计算出每位选手的初赛得分（扣除 1 个最高分和 1 个最低分后的平均分，最终得分保留 2 位小数），请用菜单的方式：求 1 位选手的总分和平均分，即完成本项目的第 1 个要求。

5.1.1.2　具体实现

为了程序运行方便，假设有 5 名选手。

```
#include <stdio.h>

#define num 5                          //  五个评委
void  stars( );                        //打印星号
void  sort(float score[]);  //从小到大排序
int chusai() { };
int juesai() { };
int paixue() { };

void  main()
```

```
{
    int fh;
    stars( );
    printf("                 选手成绩汇总                    \n");
    stars();
    printf("1、每位选手初赛得分\n");
    printf("2、每位选手决赛得分\n");
    printf("3、选手成绩排序\n");
    stars();
    printf("请输入 1～3 之间的一个数:");
    scanf (" %d",&fh);
    stars();
    if(fh= =1) chusai();
    if(fh= =2) juesai();
    if(fh= =3) paixue();
}
```

程序运行结果如图 5-1 所示。

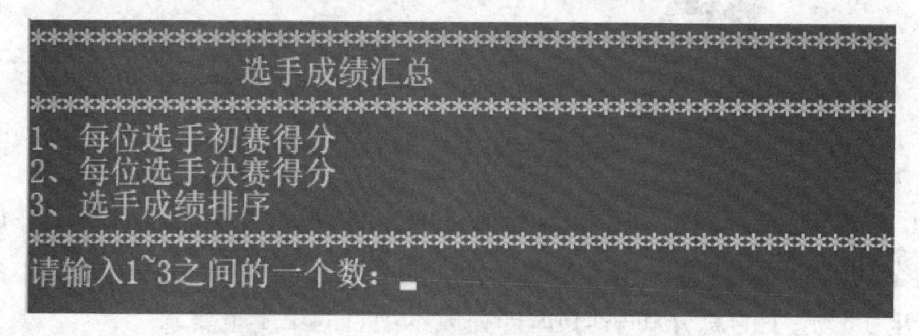

图 5-1　程序运行结果

从上面这段程序可分析出：

① 要了解函数的定义。

② 要懂得函数的调用。

③ 要了解函数的其他知识。

5.1.2　相关知识

C 语言程序是由函数组成的，函数是 C 语言中的重要概念，也是 C 语言程序设计的重要手段。函数之所以重要，是因为它们提供了程序模块化设计的方法，从而可以将一个大型的复杂程序，编写成多个小模块的组合。在设计良好的程序中，每个模块的目的或者任务都是明确的，并且很容易说明。这些基本模块在 C 语言中是用函数实现的。

C 语言中，函数可按多种方式来分类：从使用的角度来分，可以分为标准函数和自定义函数。标准函数即库函数，它由C语言编译系统提供，用户只要在程序头部将包含这些库函数的头文件包含进来就可以直接使用它们。自定义函数，是用户自己编写的函数，执行一个设定的任务。

从形式上来分，可以分为无参函数和有参函数。这是根据函数定义时是否设置参数来划分的。

从作用范围来分，可以分为外部函数和内部函数。外部函数是指可以被任何源程序文件中的函数所调用的函数。内部函数是指只能被其所在的源程序文件中的函数所调用的函数。

从返回值来分，可以分为无返回值函数和有返回值函数。

5.1.2.1 无参函数

无参函数的一般形式为：

```
函数类型说明符  函数名()
{
    函数体
}
```

① 函数类型说明符：用来说明函数返回值的类型。返回值可以是任何C语言的数据类型，如char、int、float、double等。当是int类型时，类型标识符int可以省略。若函数无返回值，可用类型标识符“void”表示。

② 函数名：是由自定义命名，命名规则同自定义标识符。在同一个文件中，函数是不允许重名的。

③ 无参函数的函数名后面的“()”不能省略。在调用无参函数时，没有参数传递。

④ 大括号“{}”是函数体，用于实现函数的功能。

函数体主要由三部分组成：

声明部分　　//定义一些变量；

语句　　　　//实现该函数功能；

return语句　/*带回一个返回值，返回值的类型与函数类型要一致。如果函数没有返回值，则可以省略return语句，同时类型说明符可以写成void。*/

函数名具体调用形式有以下两种：

第一种：

```
函数类型  函数名()
{函数体;}
main()
{语句;
 函数名();
 语句;}
```

第二种：

```
函数类型  函数名();
```

```
main()
{语句;
 函数名();
 语句;}
函数类型  函数名()
{函数体;}
```

函数应先定义,后调用,若所调用的函数位置放在被调用的函数后,则需要有函数说明语句。

【例5-1】输出5行5列的减号。

方法1(主函数在前)

```
#include "stdio.h"
void stars()          /*定义stars函数*/
{
  printf("***********\n");

}
main()
{
  int i;
  for(i=1;i<6;i++)
        stars();    /*调用stars函数*/
}
```

方法2(主函数在后)

```
#include "stdio.h"
void stars();          /*声明stars函数*/
main()
{
  int i;
  for(i=1;i<6;i++)
  stars();             /*调用stars函数*/
}
void stars()           /*定义stars函数*/
{
  printf("***********\n");
}
```

程序运行结果如图5-2所示:

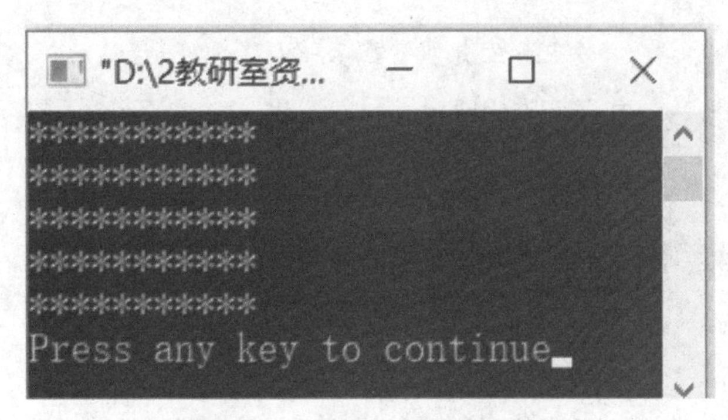

图5-2 例5-1程序运行结果

程序运行结果如图5-2所示,程序中void表示这个函数无返回值,stars是函数名。

5.1.2.2 有参函数

(1) 有参函数的一般形式

```
函数类型说明符  函数名(形式类型 形参名,形参类型 形参名…形参类型  形参名)
{
  声明部分
  语句
  return语句
}
```

函数类型说明符:用来说明函数返回值的类型。返回值可以是任何C语言的数据类型,如char、int、float、double等。当是int类型时,类型标识符int可以省略。

小括号中的形参可以有1个,也可以有多个。函数体中的最后1句,带回1个返回值,返回值的类型与函数类型要一致。如果函数没有返回值,则可以省略return语句,同时类型说明符可以写成void。

(2) 有参函数的调用

与无参函数类似,只不过有参函数需要形参,即函数名(实参列表)。具体调用形式有以下两种:

第一种:

```
 函数类型  函数名(形参列表)
 {函数体;}
 main()
 {语句;
函数名(实参列表);
语句;}
```

第二种:

```
函数类型  函数名(形参列表);
main()
{语句;
函数名(实参列表);
语句;}
函数类型  函数名(形参列表)
{函数体;}
```

函数应先定义,后调用,若所调用的函数位置放在被调用的函数后,则需要有函数说明语句。

【例5-2】对于如下程序,体会实参传值给形参:

方法1(主函数在后)

```
#include "stdio.h"
void starsPrint();       /*函数声明*/
void starsPrint(int n) /*函数定义*/
{
int i;                   /*函数体部分*/
for(i=0;i<n;i++)
printf("*");
printf("\n");
}
void main()
{
  starsPrint(3);       /*调用函数*/
  starsPrint(4);       /*调用函数*/
  starsPrint(5);       /*调用函数*/
  starsPrint(6);       /*调用函数*/
  starsPrint(7);       /*调用函数*/
  getch();
}
```

方法2(主函数在前)

```
#include "stdio.h"
void starsPrint(int n);      /*函数声明*/
void main()
{
  starsPrint(3);             /*调用函数*/
```

```
    starsPrint(4);             /*调用函数*/
    starsPrint(5);             /*调用函数*/
    starsPrint(6);             /*调用函数*/
    starsPrint(7);             /*调用函数*/
    getch();
  }

  void starsPrint(int n)  /*函数定义*/
  {
  int i;  /*函数体部分*/
  for(i=0;i<n;i++)
  printf("*");
  printf("\n");
  }
```

程序运行结果相同如图 5-3 所示：

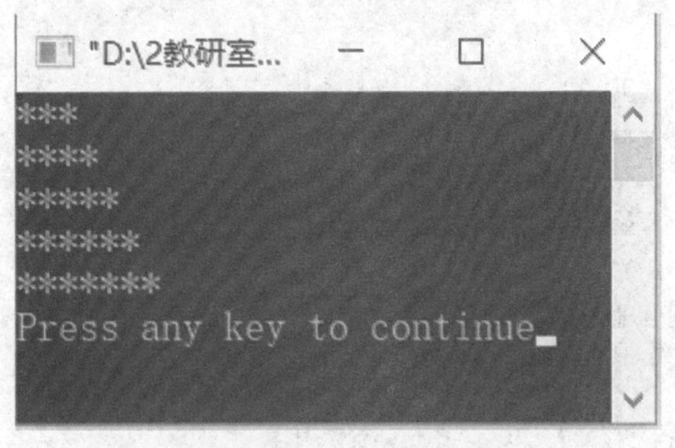

图 5-3 例 5-2 程序运行结果

分析：程序中自定义 1 个函数 starsPrint()，函数有 1 个参数 n，那么 n 就称为形参。在主函数中调用 starsPrint 函数，调用时参数 n 就称为实参。n 在 main()函数中得到值 3,4,5,6,7。通过函数调用，使 2 个函数中的数据发生联系。

C 语言中，调用函数和被调用函数之间的数据传递可以通过 3 种方式进行传递：

① 实在参数和形式参数之间进行数据传递。

② 通过 return 语句把函数值返回调用函数。

③ 通过全局变量(通常不提倡)。

调用函数和被调函数之间通过实参传递给形参实现数据的传递。参数具体的传递方式有 2 种：

① 值传递方式(传值)：将实参单向传递给形参的一种方式。

② 地址传递方式(传址)：将实参地址单向传递给形参的一种方式。

实参变量对形参变量的数据传递是“值传递”：

① 单向传递：不管“传值”，还是“传址”，C语言都是单向传递数据的，一定是实参传递给形参，反过来不行。

② “传值”、“传址”只是传递的数据类型不同。传址实际是传值方式的一个特例，本质还是传值，只是此时传递的是一个地址数据值。

③ 系统分配给实参、形参的内存单元是不同的。对于传值，即使函数中修改了形参的值，也不会影响实参的值。对于传址，即使函数中修改了形参的值，也不会影响实参的值，但因为传递的是地址，那么就可能通过实参参数所指向的空间间接返回数值。

④ 两种参数传递方式中，实参可以是变量、常量、表达式；形参一般是变量，要求两者个数一致、类型匹配、赋值兼容。

⑤ 形参在函数未调用时，并不占内存中的存储单元，只有在函数调用时，函数中的形参才被分配内存单元。在调用结束后，形参所占的内存单元被释放。

【例5-3】参数结合样例，实参不变。

```
#include "stdio.h"
void swap(int a, int b);      /* 函数声明 */
void main()
{
  int x = 20, y = 30;
  printf("(1): x = %d, y = %d\n", x, y);
  swap(x, y);                 /* 函数调用 */
  printf("(4): x = %d, y = %d\n", x, y);
}
void swap(int a, int b)       /* 函数定义 */
{
  int t;
  printf("(2): a = %d, b = %d\n", a, b);
  t = a; a = b; b = t;
  printf("(3): a = %d, b = %d\n", a, b);
}
```

输出结果如图5-4所示：

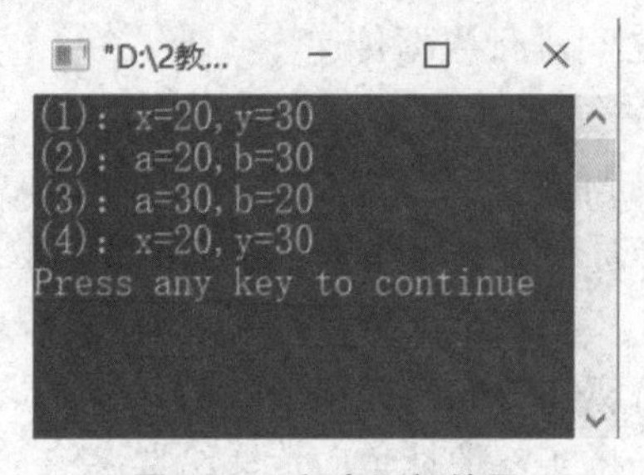

图5-4 程序运行结果

5.1.2.3 空函数

空函数的一般形式如下：

```
函数类型说明符  函数名()
{
 }
```

一般形式中，小括号中是空的，大括号中是空的，该函数是程序设计过程的需要。在设计模块时，对于一些细节问题或功能在以后需要时再加上。这样可使程序的结构清晰，可读性好，而且易于扩充。

5.1.3 知识扩展

5.1.3.1 数组作为函数参数

前面介绍用变量作为函数参数，除此之外，数组也可以作为函数的参数使用，进行数据传送。数组用作函数参数有两种形式，一种是把数组元素（下标变量）作为实参使用；另一种是把数组作为函数的形参和实参使用。

（1）数组元素作函数实参

数组元素就是下标变量，它与普通变量并无区别。因此它作为函数参数使用时和普通变量也是完全相同的。在函数调用时，以数组元素为实参实现的是单向传递，即“值传递”方式。

【例5-4】求10个数中的最小值。

```
#include "stdio.h"
int min(int x,int y)
{
  return(x<y? x: y);   //函数返回x和y中的较小值*/
}
void main()
{
  int j[10],i,m;
  printf("Input ten number:\n");
  for(i=0;i<10;i++)
  scanf("%d",&j[i]);
  m=j[0];
  for(i=1;i<10;i++)
  m=min(m,j[i]);
  printf("%d\n",m);
}
```

程序运行结果如图5-5所示：

```
Input ten number:
12 25 41 25 14 68 9 52 41 84
9
Press any key to continue
```

图5-5 程序运行结果

说明：

程序定义了1个函数min()，用于求2个数中的较小值。在主函数中先通过for循环，循环10次，依次输入10个整数放入数组j中。先假设j[0]就是要求的最小值，放入存放最小值的变量m中，通过循环调用min()函数，第1次将m和j[1]中较小值赋给m，也就是将j[0]和j[1]中的较小值存放到m中，第2次用上一次得到的m与j[2]比较，将较小值存入m中，这时m中的值就是j[0]，j[1]，j[2]三者中最小的，依次比较赋值。最后m中的值就是j数组的10个数中的最小值，将m输出即可完成题目要求。

用数组元素作函数参数，在不需要返回多个值的情况下，与普通变量的用法相同。但在实际应用中一般都要求保留函数内的计算结果，或需要返回多个值，因此采用数组名作为函数参数的形式是高效的，也更具有实际意义。

(2) 数组名作函数参数

使用数组名作为函数参数时，对应的形参应该是数组名或指针变量。在C语言中，数组名代表该数组在内存中的首地址，即数组中首元素的地址，因此用数组名作函数参数并不意味着将该数组中的全部元素传递给了所对应的形参，只是传递了数组的首元素地址。

【例5-5】有1个一维数组score，内存放了选手的5个评委分数，求平均分数。

```
#include "stdio.h"
float average(float array[5]);     /*函数声明*/
void main()
{
  float score[5],aver;
  int i;
  printf("input 5 scores:\n");
  for(i=0;i<5;i++)
   scanf("%d",&score[i]);
  printf("\n");
  aver=average(score);
  printf("average score is %.1f\n",aver);
}
float average(float array[5])
{
  int i;
  float aver, sum=0;
```

```
    sum = array[0];
    for(i = 1;i<5;i + + )
     sum = sum + array[i];
    aver = sum/5;
    return(aver);
  }
```

程序运行结果如图 5-6 所示：

```
input 5 scores:
85 82 87 90 86

average score is 86.0
Press any key to continue
```

图 5-6 程序运行结果

说明：

① 使用数组名作函数参数时，应该在主调函数和被调函数中分别定义数组，即主调函数定义实参数组，被调函数定义形参数组(如 average()中的 array)。

② 实参数组与形参数组应类型一致(上例中都为 float 型)，否则结果会出错。

③ 在被调函数 average 中声明了形参数组的大小是 5，实际上形参数组可以不指定大小，定义数组时在数组名后面跟个空的方括号，如可将 average 函数中的形参数组写为 array[]，也是相同的作用。

④ 实参数组名是 1 个常量，代表 1 个固定的地址，不允许被修改。相应地，实参数组拥有自己独立的存储单元，如上例中的 score，系统会为其分配一段连续的内存单元，用于存放 5 个 float 数据；形参数组名是 1 个变量，虽然也代表 1 个地址，但在函数执行期间，其值是可以变化的，也可以再被赋值，最重要的是系统不会为形参数组分配一段连续的内存单元，或者说形参数组只是 1 个形式上的数组，其实质是 1 个指针变量，这个原理在学习了指针之后会理解得更深刻。

【例 5-6】数组元素作函数参数。

```
 #include "stdio.h"
 void swap(int a,int b)           /* 自定义函数 */
 {
   int c;
   a = b;b = c;c = a;
 }
 void main()
 {
   int x[2] = {10,20};
```

```
    printf("  x[0] = %d,x[1] = %d\n",x[0],x[1]);
    swap(x[0],x[1]);
    printf("  After exchange:\n");
    printf("  x[0] = %d,x[1] = %d\n",x[0],x[1]);/* 输出交换后数据 */
}
```

程序运行结果如图 5-7 所示：

```
 x[0]=10, x[1]=20
 After exchange:
 x[0]=20, x[1]=10
Press any key to continue
```

图 5-7 程序运行结果

【例 5-7】数组名作函数参数

```
#include "stdio.h"
void swap(int a[])          /* 自定义函数 */
{
    int b;
    b = a[0];a[0] = a[1];a[1] = b;
}
void main()
{
int x[2] = {10,20};
    printf("  x[0] = %d,x[1] = %d\n",x[0],x[1]);
    swap(x);
    printf("  After exchange:\n");
    printf("  x[0] = %d,x[1] = %d\n",x[0],x[1]);/* 输出交换后数据 */
}
```

程序运行结果如图 5-8 所示：

```
 x[0]=10, x[1]=20
 After exchange:
 x[0]=20, x[1]=10
Press any key to continue
```

图 5-8 程序运行结果

说明：

在主函数中调用 swap 函数，将数组名 x 作为实参，传给形参数组 a，其实是把数组 x 的首地址，也就是 x[0]的地址传给数组 a。这时数组 a 和数组 x 就指向同一片存储单元，a[0]的值就是 x[0]的值 10，a[1]的值就是 x[1]的值 20，变换 x[0]和 x[1]，a[0]和 a[1]的值也同时发生变化。调用结束返回主函数，输出 x[0]和 x[1]的值，x[0]就是 20，x[1]就是 10，实现了交换。

5.1.4 举一反三

在本任务中，介绍了无参函数的定义及调用、有参函数的定义及调用。下面通过具体例子来巩固前面所学的知识。

【例 5-8】编写 1 个函数，求两个数的最大公约数，在主函数中调用它。

参考程序如下：

```
#include <stdio.h>
int Cdivisor(int x,int y)
{
  int i;
  for(i=x;i>=1;i--)
  if(x%i==0 && y%i==0)
   return i;
}
main()
{
  int a,b;
  printf("请输入 a、b 的值:");
  scanf("%d%d",&a,&b);
  printf("%d与%d的最大公约数=%d\n",a,b,Cdivisor(a,b));
}
```

运行结果如图 5-9 所示：

```
请输入a、b的值: 45 125
45与125的最大公约数=5
Press any key to continue
```

图 5-9 程序运行结果

【例 5-9】用函数编写加减乘除的运算，每次出 3 题，并给出练习成绩。

```
#include <stdio.h>
#include <stdlib.h>
```

```
#include <time.h>
void dash()
{printf("-----------------------------------------\n");}
void jia();
void jian();
void cheng(){};
void chu(){};
main()
{
   int fh;
   dash();
   printf("           算法训练           \n");
   dash();
   printf("1、请选择加法训练\n");
   printf("2、请选择减法训练\n");
   printf("3、请选择乘法训练\n");
   printf("4、请选择除法训练\n");
   dash();
   printf("请输入1～4之间的一个数:");
   scanf("%d",&fh);
   dash();
   if(fh==1) jia();
   if(fh==2) jian();
   if(fh==3) cheng();
   if(fh==4) chu();
}
   //加法运算
   void jia()
   {
    int x,y,z;
    int k,fs=0;
    for(k=1;k<=5;k++)
    {
       srand((unsigned) time (NULL));
       x=rand();
       y=rand();
       x=x%10;
       y=y%10;
```

```
    printf("%d+%d=",x,y);
    scanf("%d",&z);
    if(x+y==z)
    {
  printf("正确! \n");
      fs=fs+20;
    }
    else
    {
      printf("错误! \n");
      fs=fs+0;
    }
}
printf("本次训练成绩为: %d \n",fs);
}
//减法运算
void jian()
{
int x,y,z,t;
int k,fs=0;
for(k=1;k<=5;k++)
{
    srand((unsigned) time (NULL));
    x=rand();
    y=rand();
    x=x%10;
    y=y%10;
    if(x<y) {t=x;x=y;y=t;}
    printf("%d-%d=",x,y);
    scanf("%d",&z);
    if(x-y==z)
    {
  printf("正确! \n");
      fs=fs+20;
    }
    else
    {
      printf("错误! \n");
```

```
            fs = fs + 0;
        }
    }
    printf("本次训练成绩为: %d \n",fs);
}
```

程序运行结果如图 5 - 10 所示：

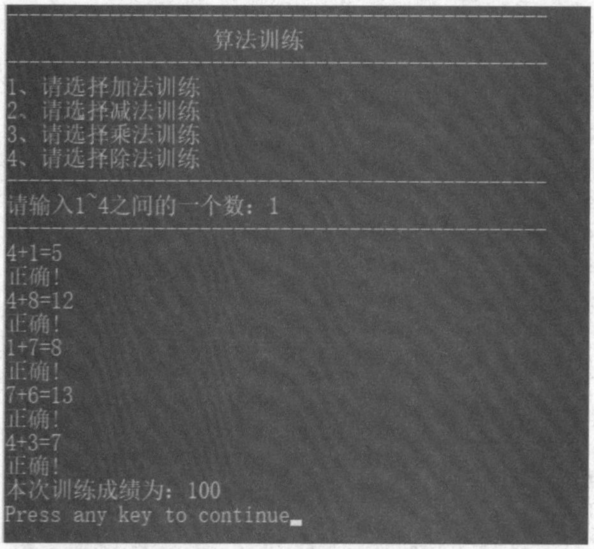

```
---------------------------------------------------
                    算法训练
---------------------------------------------------
1、请选择加法训练
2、请选择减法训练
3、请选择乘法训练
4、请选择除法训练
---------------------------------------------------
请输入1~4之间的一个数：1
---------------------------------------------------
4+1=5
正确!
4+8=12
正确!
1+7=8
正确!
7+6=13
正确!
4+3=7
正确!
本次训练成绩为：100
Press any key to continue
```

(a) 加法运行结果

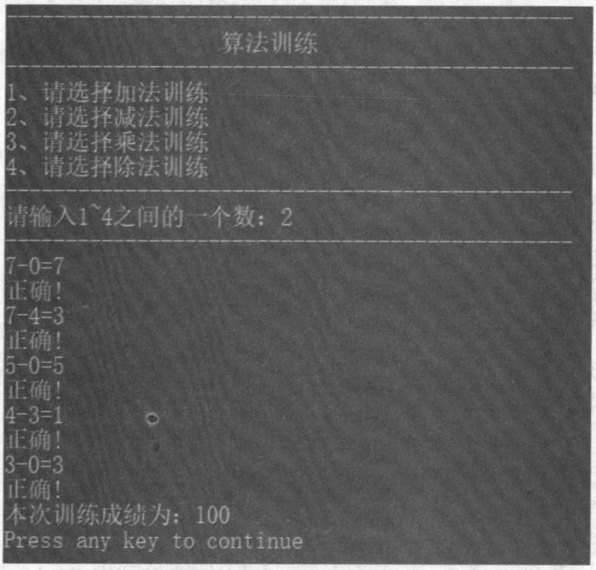

```
---------------------------------------------------
                    算法训练
---------------------------------------------------
1、请选择加法训练
2、请选择减法训练
3、请选择乘法训练
4、请选择除法训练
---------------------------------------------------
请输入1~4之间的一个数：2
---------------------------------------------------
7-0=7
正确!
7-4=3
正确!
5-0=5
正确!
4-3=1
正确!
3-0=3
正确!
本次训练成绩为：100
Press any key to continue
```

(b) 减法运行结果

图 5 - 10 程序运行结果

本例的程序将加减乘除等四类运算，分别存放在函数中，然后在主函数中调用即可。请根据加法和减法函数，仿写乘法和除法函数。

5.1.5　实践训练

经过前面的学习，大家已了解了函数的定义和调用的主要用法，下面自己动手解决一些实际问题。

5.1.5.1　初级训练

1. 分析并写出以下程序的运行结果。

```
#include "stdio.h"
int max(int x,int y)
{int t,max;
if(x<y)
{t=x;x=y;y=t;}
max=x;
printf("在函数中的x,y的值为x=%d,y=%d\n",x,y);
return max;
}
main()
{int x,y,mm;
printf("请输入x,y的值:");
scanf("%d,%d",&x,&y);
printf("调用函数前x,y的值为x=%d,y=%d\n",x,y);
mm=max(x,y);
printf("mm的值为%d\n",mm);
printf("调用函数后x,y的值为x=%d,y=%d\n",x,y);}
```

2. 有两个学生 A、B 合力完成下面问题：求 20 个学生的平均成绩。他们的分工是这样的：B 完成 20 个数的平均值，不负责数据的输入；A 完成 20 个数的输入，然后问 B 要 20 个数的平均值后输出。输出结果如图 5-11。

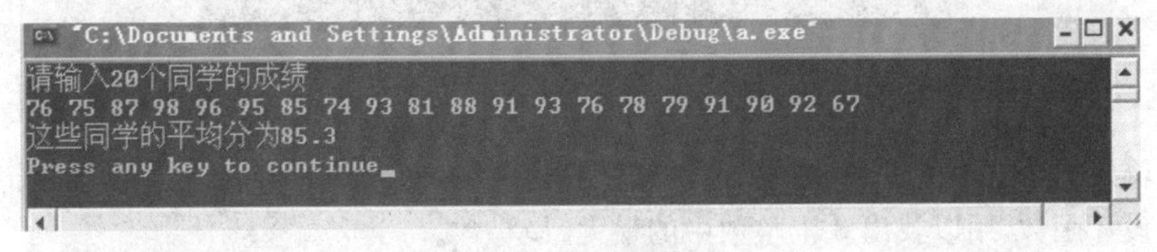

图 5-11　程序运行结果

请将下列程序补充完整：

```
#include "stdio.h"
/*B所完成的程序*/
```

```
float average(int b[20])
{int i,s;
float avg;
s = 0;
for(i = 0;i<20;i + + ){
s = ________;
avg = s/20.0;
return ________;
}
/ * A 所完成的程序 * /
main()
{int i,a[20];
float avg;
printf("请输入 20 个同学的成绩\n");
for(i = 0;i<20;i + + )
scanf(" % d",________); //输入 20 个数据
avg = ______________;
printf("这些同学的平均分为 % .1f\n",avg);
}
```

5.1.5.2 深入训练

1. 试编程利用海伦公式求三角形面积。由 3 人负责完成,B 负责判断能否构成三角形;C 负责计算三角形的面积,而 A 是总负责,其职责是输入 3 个数,调用 B 看是否能构成三角形,若能,则调用 C 计算三角形面积。

2. 现从键盘上输入某年、某月、某日,判断当天是该年的第几天,运行结果如图 5 - 12 所示。

图 5 - 12 程序运行结果

3. 输入 5 个选手的编号、数学、英语和计算机成绩,计算其平均成绩并输出成绩表。

4. 设计函数,用以找出 3 个整数中的最大、最小数。

5. 编写程序,计算某选手的平均分数,要求调用函数完成。

任务2　选手决赛成绩统计

5.2.1　任务的提出与实现

5.2.1.1　任务提出

设有10名选手(编号为1～10)参加歌咏比赛,另有5名评委打分。计算出每位选手决赛的最终得分(扣除一个最高分和一个最低分后的平均分,最终得分保留2位小数);并按决赛最终得分(最终得分＝初赛平均分＊30%＋决赛平均分＊70%)由高到低的顺序输出每位选手的编号及最终得分。

分析:任务中主函数的功能是设计一个菜单,由所选择的菜单调用相应的函数,但为了界面清晰,所以在程序的执行过程中出现多次调用了一条线的函数stars()。

5.2.1.2　具体实现

为了程序运行方便,假设有5名选手。

```
#include <stdio.h>

#define num 5                    //  五个评委
void  stars( );                  //打印星号
void  sort(float score[]);  //从小到大排序
int chusai() { };
int juesai() ;
int paixue() { };

void  main()
{
int fh;
    stars( );
    printf("                选手成绩汇总                \n");
    stars();
printf("1、每位选手初赛得分\n");
printf("2、每位选手决赛得分\n");
printf("3、选手成绩排序\n");
stars();
printf("请输入1～3之间的一个数:");
scanf (" %d",&fh);
stars();
if(fh= =1) chusai();
```

```
if(fh= =2) juesai();
if(fh= =3) paixue();
}

int  juesai()
{
   int i;
   float sum=0;
   float average;
   float score[5];

   stars();  //打印星号

   printf("请输入每个评委给您打的分数:\n");
   for(i=0; i<num; i++)
   {
        printf("第%2d位评委打的决赛分数为:", i+1);
        scanf("%f", &score[i]);
   }
   stars();  //打印星号
   sort(score);

   for(i=1; i<num-1; i++)   //求去最高最低分后的总分
   {
        sum+=score[i];
   }
   average=sum/3;      //求平均分

   printf("\n去掉的最高分为:%0.2f\n", score[num-1]);
   printf("\n去掉的最低分为:%0.2f\n", score[0]);
       printf("\n去掉最高分最低分后,您的总分为:%0.2f\n", sum);
   printf("\n去掉最高分最低分后,您的平均分为:%0.2f\n", average);

       stars();  //打印星号

}

//排序函数
void sort(float score[])     //从小到大排序
```

```
{
    int i;
int j;
    float t;  // 用于交换数

for(i = 0; i<num; i + + )
{
     for(j = i; j<num; j + + )
     {
          if(score[i]>score[j])
          {
               t = score[i];
               score[i] = score[j];
               score[j] = t;
          }
     }
 }
}
//stars 函数

void stars(void)
{
int i;

for(i = 0; i<60; i + + )
{
     printf(" * ");
}
printf("\n");
}
```

从上面这段程序可分析出：

① 主函数调用 juesai()函数，而该函数又调用 stars()函数。

② 要掌握文函数的嵌套调用方法。

5.2.2 相关知识

5.2.2.1 嵌套函数

C 语言中不允许函数定义嵌套，因此各函数之间是平行的，不存在上一级函数和下一级函数的问题。但是 C 语言允许在一个函数的调用中出现对另一个函数的调用，这样就出现了函数的嵌套调用,即在被调函数中又调用其他函数,这与其他语言的子程序嵌套的情形是类似的。函数的嵌套调用关系如图 5-13 所示。

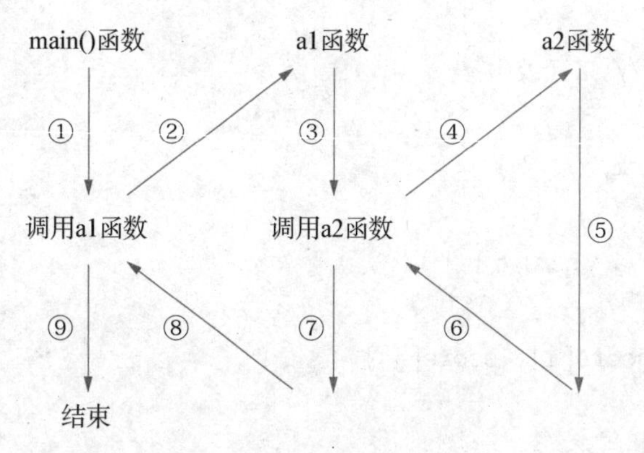

图 5-13 函数的嵌套调用

上图表示了两层嵌套的情形。其执行过程是:执行 main()函数中调用 a1 函数时,即转去执行 a1 函数;在 a1 函数中调用 a2 函数时,又去执行 a2 函数;a2 函数执行完毕返回 a1 函数断点继续执行;a1 函数执行完毕返回 main 函数的断点继续执行,直至程序执行结束。

5.2.2.2 嵌套函数应用

【5-10】由键盘任意输入 2 个整数,求这 2 个整数的最小公倍数。程序如下:

```
#include "stdio.h"
int a1(int x1,int x2)  /*a1 函数可求出最小公倍数 gbs1*/
{
    int gbs1;
  gbs1 = x1*x2/a2(x1,x2);
  return(gbs1);
  }
int a2(int x3,int x4)  /*a2 函数可求出最大公倍数 x4*/
{
    int c,d;
    if(x4>x3)
    {c = x3;x3 = x4;x4 = c;}
    while((d = x3 % x4)!= 0)
    {x3 = x4;x4 = d;}
  return(x4);
}
main()    /*gbs 变量中存放的是最小公倍数*/
{
    int n1,n2,gbs;
```

```
    printf("input 2 numbers:");
      scanf("%d%d",&n1,&n2);
      gbs = a1(n1,n2);
    printf("gbs = %d\n",gbs);
  }
```

程序运行结果如图 5－14 所示：

```
input 2 numbers:24 36
gbs=72
Press any key to continue
```

图 5－14 程序运行结果

从数学知识可知道，任何两个整数的最小公倍数等于这两个数之积再除以这两个数的最大公约数。

该例中共有 3 个函数即 main()，a1()和 a2()。a1()和 a2()这两个函数的定义是并列而且相互独立的。在程序运行过程中，main()调用了 a1()函数以求出最小公倍数，而 a1()函数又调用了 a2()函数以求出最大公约数，即属于函数的嵌套调用。

5.2.3 知识扩展

5.2.3.1 递归函数

函数的递归调用是指函数直接调用或间接调用函数自己，或调用一个函数的过程中出现直接或间接调用该函数自身，前者称为直接递归调用，后者称为间接递归调用。显然，递归调用是嵌套调用的特例。

在递归函数中，由于存在自身调用过程，程序控制将反复地进入它的函数体，为防止自调用过程无休止地继续下去，在函数体内必须设置某种条件。这种条件通常用 if 语句来控制。当条件成立时终止自调用过程，并使程序控制逐渐从函数中返回。

5.2.3.2 递归函数的应用

【5－11】用递归方法求 $n!$。

分析：正整数 n 的阶乘为：$n*(n-1)*(n-2)*(n-3)\cdots*2*1$。若 n 为 5，从递归方法可有：$5!=5\times4!$；$4!=4\times3!$；…；$1!=1$，即可用下面的递归公式表示：

$$n!=\begin{cases}1 & n=0,1\\ n*(n-1)! & n>1\end{cases}$$

程序如下：

```
#include "stdio.h"
long dgf(int);
main()
```

```
{int m;
 long y;
 printf("Input data:");
 scanf("%d",&m);
 y=dgf(m);                    /*函数调用*/
 printf("%d!=%ld\n",m,y);
}
long dgf(int n)               /*函数定义*/
{
 if(n==1) return 1;
 else return n*dgf(n-1);     /*函数递归调用*/
}
```

程序运行结果如图 5-15 所示：

```
Input data:5
5!=120
Press any key to continue
```

图 5-15　程序运行结果

本例可以看到函数 dgf()的递归调用过程分为两个阶段：第一是递推调用阶段，即 n 值不为 1 时，则不断地调用函数 dgf()自己，只是每次的参数不同而已；第二是回归计算阶段，即先获得 dgf(1)值返回，接着依次计算出 dgf(2)、dgf(3)、dgf(4)的值并返回，最终得到递归调用的结果。

从程序设计角度来说，递归过程必须解决两个问题：(1)递归计算的公式；(2)递归结束的条件。

例如上例中，递归计算公式是：dgf(n)＝n * dgf(n－1)；递归结束条件是 dgf(1)＝1。

5.2.4　举一反三

在本任务中，介绍了函数的嵌套调用、函数的递归调用，下面通过实例来进一步掌握前面所学的知识。

【例 5-12】根据程序运行结果，请将下面程序补充完整并调试。

```
请输入两个变量的值：2.3 5.6

最大值为：5.600000
```

图 5-16　程序运行结果

```
#include "stdio.h"
double max(double a,double b)
{return(a>b?a: b);}  /*引用条件运算符*/
main()
{double x,y,temp;
 printf("请输入两个变量的值:");
 scanf("%lf%lf",&x,&y);
 ________________  /*函数返回值赋给变量temp*/
 printf("\n最大值为: %1f\n",temp);
 getch();  }
```

【例5-13】1202年,意大利数学家斐波那契出版了他的《算盘全书》,在书中第一次提到了著名的斐波那契(Fibonacci)数列: 1,1,2,3,5,8,13,21,…,定义如下:

$$\text{fibonacci}(n)=\begin{cases}1 & (n=1)\\ 1 & (n=2)\\ \text{fibonacci}(n-1)+\text{fibonacci}(n-2) & (n>2)\end{cases}$$

请输出斐波那契数列的前 n 项,程序运行结果如图5-17所示。

图5-17 斐波那契数列前 n 项程序运行结果

程序如下:

```
#include <stdio.h>
long fab(int n)
{int i;
long t;
if(n= =1||n= =2)t=1;
else t=fab(n-1)+fab(n-2);
return t;
}
void main()
{
int n,i;
printf("请输出要输出的项数:");
scanf("%d",&n);
printf("fibonacii数列如下:\n");
```

```
for(i=1;i<=n;i++)
printf("%-8d",fab(i));
printf("\n");
}
```

5.2.5 实践训练

经过前面的学习，大家已了解了函数的嵌套调用、函数的递归调用，下面自己动手解决一些实际问题。

5.2.5.1 初级训练

1. 定义函数 fun 计算：$m=1-2+3-4+\cdots+9-10$ 的值，程序运行结果如图 5-18 所示。请完善下面的程序。

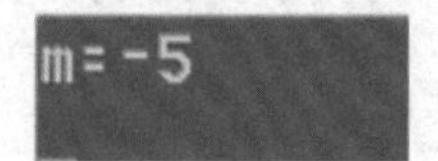

图 5-18 程序的运行结果

```
#include "stdio.h"
int fun(int  n)
{int m=0,f=1,i;
    for(i=1;i<=n;i++)
    {m=m+i*f;
    ________________}
    return m;}
main()
{printf("m=%d\n",fun(10));
    getch();}
```

2. 试编程利用海伦公式求三角形面积。由 3 人负责完成，B 负责判断能否构成三角形；C 负责计算三角形的面积，而 A 是总负责，其职责是输入 3 个数，调用函数 B 看是否能构成三角形，若能，则调用 C 计算三角形面积。

程序运行结果如下：

```
请输入三角形a,b,c的值
3 4 5
三角形的面积为6.0
Press any key to continue
```

```
请输入三角形a,b,c的值
1 2 4
对不起，构不成三角形
Press any key to continue
```

图 5-19 程序运行结果

参考程序：

```
#include "stdio.h"
#include "math.h"
/*C所完成的函数*/
float area(int a,int b,int c)  //计算三角形面积
{float s,l;
l=(a+b+c)/2.0;
s=sqrt(l*(l-a)*(l-b)*(l-c));
return s;
}
/*B所完成的函数*/
int istriangle(int a,int b,int c)  //若能否构成三角形,调用求三角形面积函数
{int t;
if(a+b>c && a+c>b && b+c>a)t=area(a,b,c);
else
t=0;
return t;
}

/*A所完成的函数*/
main()
{int a,b,c;
float s;
printf("请输入三角形a,b,c的值\n");
scanf("%d%d%d",&a,&b,&c);
s=istriangle(a,b,c);
if(s!=0)
printf("三角形的面积为%.1f\n",s);
else
printf("对不起,构不成三角形\n");
}
```

3. 输入10位选手的成绩,要求用函数进行排序(降序)。由2个学生A、B合力完成下面一个问题:将10位选手的成绩排序(降序)。他们的分工是这样的:A完成主函数的编写,也就是完成10个分数的输入,调用B编写的函数score(),就得到排序完的10个数,然后进行输出;B所编写的函数score()的功能是完成10个数的排序,不负责数据的输入。

参考程序:

```
#include "stdio.h"
void score(int b[ ]);
```

```
main()
{int a[10],i;
printf("请输入十位选手的分数\n");
for(i=0;i<10;i++)
scanf("%d",&a[i]);
score(a);           //调用函数
printf("排序后的分数为:\n");
for(i=0;i<10;i++)
printf("%3d",a[i]);
printf("\n");}
void score(int b[])        /*函数的功能就是选择法进行排序*/
{int i,j,t;
for(i=0;i<9;i++)
for(j=i+1;j<10;j++)
if(b[i]<b[j])
{t=b[i];b[i]=b[j];b[j]=t;}
}
```

5.2.5.2 深入训练

1. 编写1个程序用菜单的形式分别选择1～100的奇数和n！问题。

2. 采用递归函数计算并打印1～10的阶乘值。

3. 用递归函数解决猴子吃桃问题。猴子第1天摘下若干个桃子，当即吃了一半，还不过瘾，又多吃了1个。第2天早上又将剩下的桃子吃掉一半，又多吃了1个。以后每天早上都吃前一天剩下的一半多1个。到第10天早上想再吃时，就只剩1个桃子了。求第1天共摘了多少桃子。

项目5　指针优化选手成绩排序

技能目标

具备用指针优化问题、解决问题的能力。

知识目标

(1) 理解并掌握内存地址、指针的概念。
(2) 掌握指针变量的定义、引用方法、指针变量作为函数参数的用法。
(3) 掌握指针与数组的表示方法和应用。

课程思政与素质

通过指针的学习，培养学生高效解决问题的能力。

项目要求

某电视台进行海选比赛，现需要对多名选手的比赛成绩进行管理，在评委打分后计算选手的总成绩并输出总分最高的选手成绩。要求：用指针实现数组的输入/输出。

程序的运行结果如图6-1所示：

```
请各位评委为选手打分:
1号选手:78 85 87 78 89
2号选手:74 75 70 74 75
3号选手:74 71 70 72 76
4号选手:89 89 90 91 91
5号选手:78 75 87 74 78
选手的成绩:
-----------------------------------
               评委1 评委2 评委3 评委4 评委5 总分
1号选手得分:    78    85    87    78    89   417
2号选手得分:    74    75    70    74    75   368
3号选手得分:    74    71    70    72    76   363
4号选手得分:    89    89    90    91    91   450
5号选手得分:    78    75    87    74    78   392
-----------------------------------
最高分为4号选手, 成绩为:
   89   89   90   91   91
Press any key to continue
```

图6-1　程序运行结果

项目分析

要用指针优化选手成绩排名，第一，必须要了解指针的概念、引用；第二，必须会用指针实现数组的输入输出；第三，在函数中用指针实现数组的比较，然后调用此函数。为了在介绍的时候条理清晰，所以该项目分解成两个任务：任务1是选手成绩录入；任务2是最高分选手成绩输出。

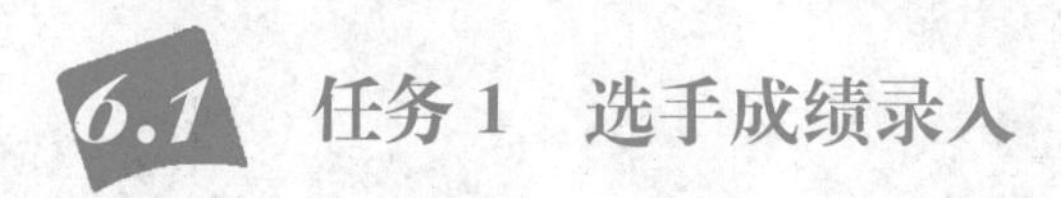

6.1 任务1 选手成绩录入

6.1.1 任务的提出与实现

6.1.1.1 任务提出

某电视台组织了一次选手比赛，现将选手的成绩输入计算机，并用指针方式输出。

6.1.1.2 具体实现

为了程序运行简单，假设只输入1名选手的信息及5位评委的打分。

```
#include "stdio.h"
main()
{
  int x1,x2,x3,x4,x5, *p1, *p2, *p3, *p4, *p5;
  int a;
  printf("选手编号\n");
  scanf("%d",&a);
  printf("请5位评委打分\n");
  scanf("%d %d %d %d %d",&x1,&x2,&x3,&x4,&x5);
  p1 = &x1;p2 = &x2;p3 = &x3;p4 = &x4;p5 = &x5;
  printf("%d号选手,评委给出的分数为:\n",a);
  printf("x1 = %d,x2 = %d,x3 = %d,x4 = %d,x5 = %d\n",x1,x2,x3,x4,x5);
  printf("*p1 = %d, *p2 = %d, *p3 = %d, *p4 = %d, *p5 = %d\n", *p1,
*p2, *p3, *p4, *p5);
}
```

程序运行结果如图6-2所示。

```
选手编号
14
请5位评委打分
75 78 89 94 85
14号选手，评委给出的分数为:
x1=75, x2=78, x3=89, x4=94, x5=85
*p1=75,*p2=78,*p3=89,*p4=94,*p5=85
Press any key to continue
```

图6-2 程序运行结果

从上面这段程序，可知要掌握的知识点为：

① 要掌握指针的概念。

② 要掌握指针的引用。

6.1.2　相关知识

6.1.2.1　地址与指针

如果在程序中定义了1个变量，在编译时系统会根据变量的数据类型为其分配相应大小的内存单元，例如：为int型变量分配2个字节的内存单元，为float型变量分配4个字节的内存单元，为字符型变量分配1个字节的内存单元等。

计算机为内存中的每个字节进行编号，这就是地址，它相当于大楼的房间号，便于正确访问这些内存单元。

内存单元的地址和内存单元的内容不是1个概念。如图6-3所示，假设程序定义了3个整型变量i、j、k，其值（内容）分别为4、3、12，编译时系统分配2000和2001两个字节给变量i，2002和2003两个字节给变量j，2004和2005两个字节给变量k。在程序中一般是通过变量名对内存单元进行访问的，因为程序经过编译已将变量名转换为变量的地址，对变量值的访问都是通过地址进行的，例如k=i*j；先找到变量i的地址2000，然后从由2000开始的两个字节中取出数据4，同样方法，找到变量j的地址2002，取出从由2002开始的两个字节中取出数据3，将其相乘后送到k所占用的2004、2005两个字节的内存单元中。这种通过变量地址访问变量值称为直接访问方式。

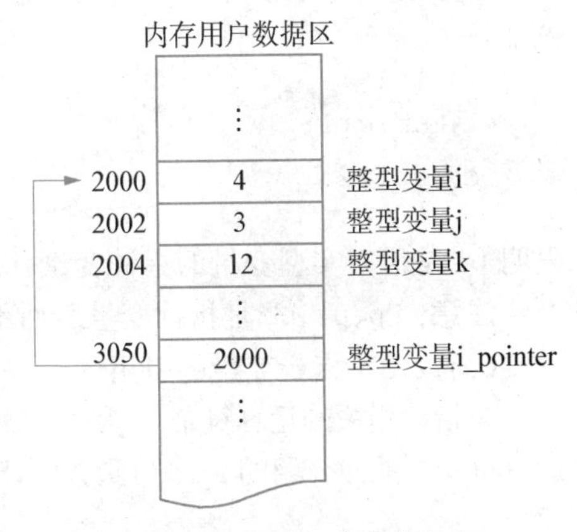

图6-3　地址和内存的内容

C语言还有被称为间接访问的方式，将i的地址存放在另一个变量i_pointer中，这样在访问变量i时，可以先找到存放"i地址"的变量i_pointer的地址3050，再取出i_pointer的值（i的地址）2000，通过地址2000找到要访问的变量i的数据4。这种通过存放变量地址的变量去访问变量值称为间接访问方式。

i_pointer是存放地址的一种特殊变量。

记为：i_pointer=&i;

此时，i_pointer的值是2000，即变量i所占用单元的起始地址。i_pointer"指向"变量i所占用的单元，"指向"变量i。

通过地址能找到所需要的变量单元，我们可以说，地址"指向"变量单元。在C语言中，将地址形象地称为指针。1个变量的地址称为该变量的指针，例如地址2000是变量i的指针。专门用来存放变量的地址（即指针）的变量，称为指针变量，例如i_pointer。

6.1.2.2　指针变量的定义

指针就是内存单元的地址，也就是内存单元的编号，因此指针是一种数据。在C语言中，可以用1个变量来存放这种数据，这种变量称为指针变量。因此，1个指针变量的值就是某个内存单元的地址或称为某个内存单元的指针。

和其他变量一样，指针变量在使用之前必须先定义。

定义指针变量的一般格式为：

```
数据类型 *指针变量名;
```

其中，指针变量名放在“*”后，“*”是指针类型说明符，用来说明其后的标识符是一个指针变量的名字，前面的数据类型表示该指针变量所指向的变量的数据类型(注意不是该指针变量本身的数据类型)，例如：

```
int *p;
```

所定义的标识符 p 是指向整型(int)变量的指针变量，或者说 p 是 1 个指针变量，它的值可以是某个整型变量的地址。至于 p 究竟指向哪一个整型变量，则由向 p 赋予的地址来决定。例如：

```
float *p1;
char *p2;
```

表明 p1 是指向实型变量的指针变量，p2 是指向字符变量的指针变量。

注意：“p、p1、p2 是指针变量”，而不是“*p、*p1、*p2 是指针变量”。

6.1.2.3 指针变量的引用

与指针相关的运算符是 & 和 *，都是单目运算符，结合性都是自右向左。& 是“取地址”运算符。在前面介绍的 scanf()函数中，已经了解并使用到了 & 运算符。其一般形式为：

```
&变量名
```

例如 i 是变量，则 &i 是得到 i 变量的地址。& 不能用于表达式和常数，也不能对寄存器变量求 & 的值，所以当 x 为简单变量，i 为非负整数，y 为数组时，&x、&y[i]是合法的，但 &(x+1)或 &5 是非法的。

* 是取内容运算符，是 & 的逆运算，所以 *&a 和 a 完全等价(*&a 按 *(&a)执行)。* 只要求对象是具有指针意义的值(地址)，例如 *i_pointer 是取 i_pointer 的内容，即 4。

注意：取内容运算符“*”与前面指针变量定义时出现的“*”意义完全不同，指针变量定义时“*”仅表示其后的变量是指针类型变量，是一个标志，而取内容运算符是一个运算符，其运算后的值是指针所指向的对象的值。

6.1.2.4 指针变量的赋值

1 个指针变量必须赋值后才能使用，指针变量得到的值一定是个地址值。

设 p 是指向整型变量的指针变量，如果要把整型变量 a 的地址赋予 p，可以使用以下几种方式：

① 先定义，后赋值。

```
int a;
int *p;
p = &a;
```

注意： p=&a;是赋值语句，不能写为 * p=&a;。

② 定义的同时赋值。

```
int a;
int *p = &a;
```

这里，int * p=&a;是定义(声明)p，在定义 p 的同时初始化。如图 6-4 所示，指针 p 指向整型变量 a。

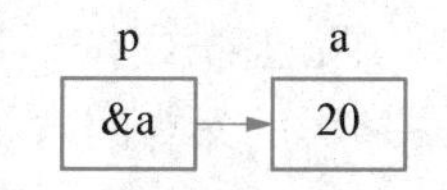

图 6-4　指针和指向的变量

(3) 将一个已被赋值的指针指向另一个指针，例如：

```
int *pa, *pb,a = 0;
pa = &a;pb = pa;
```

这时指针 pa 和 pb 都将指向同一个变量 a。

(4) 可以给指针赋值 0。

指针只能赋予 1 个对象地址，不能赋予 1 个整数，例如：

```
int *p;
p = 3000;
```

这是错误的，但有 1 个例外，可以将 0 赋予指向任何类型的指针，即该指针不指向任何变量，例如：

```
int *p;
p = 0;
```

为了程序的可读性，一般用符号常量 NULL 表示空指针的值，NULL 在 stdio. h 的文件中定义为：

```
#define  NULL  0
```

因此赋值时，可用下面形式 p=NULL;

注意： 对 p 赋空值 NULL 与未对 p 赋值是两个概念，前者是有数值的，值为 0，不指向任何变量，系统中地址为 0 的单元不作他用，而后者 p 的值是不确定的。

6.1.2.5　指针变量的使用

定义了 1 个指针变量之后，就可以对该指针变量进行各种操作，例如给 1 个指针变量赋予 1 个地址值，输出 1 个指针变量的值，访问指针变量所指向的变量等，如设 p 是指针变量，

a是整型变量,则:

printf("%o",p);　　以八进制数形式输出指针变量p的地址值。

p=&a;　　将整型变量a的地址赋予指针变量p,此时p指向a。

scanf("%d",p);　　向p所指向的整型变量输入一个整型值。

printf("%d",*p);　　将指针变量p所指向的变量的值输出。

*p=9;　　将9赋予p所指向的变量(若先有int *p;p=&a;则执行*p=9;后a的值为9)

p=a;　　等价于p=&a;(因为a和&a完全等价,所以*p=a;可以写为*p=*&a;,两边都去掉*,即为p=&a)

注意: 此处的*p与定义指针变量时用的*p的含义是不同的。定义时,"int *p;"中的"*"不是运算符,表示其后的变量是1个指针变量,而此处执行语句中引用的"*p",其中的"*"是指针运算符,*p表示"p指向的变量"。

6.1.2.6 指针变量的运算

(1) 算术运算

指针运算的算术运算有两类:一类是指针与整数相加减;一类是同类指针相减(都是整型、实型、字符型等)。

设p和q为指针,n为整数,则合法的指针运算有:

p+n　　指向当前位置之后第n个存储单元。

p-n　　指向当前位置之前第n个存储单元。

p++,++p　　指针后移1个存储单元。

p--,--p　　指针前移1个存储单元。

p-q　　指针p和q之间的存储单元个数,其结果是1个整数,而不是1个指针。做这种算术运算时,要求p和q是指向同一数组的两个指针。

说明:

指针与1个整数相加减时,是"跳"整数个存储单元。指向不同数据的指针的存储单元大小是不同的,如字符、整数、浮点数和双精度浮点数分别占用1,2,4,8个字节,所以从字节数上看,指针p+n的地址相当于p+n*(类型大小),例如对于整数为p+n*2个字节。

(2) 关系运算

2个指向同一类数据的指针之间可以进行关系运算。2个指针之间关系运算表示它们指向的位置之间的关系。假设数据在内存中的存储逻辑是由前向后,指向后方的指针大于指向前方的指针,例如:

if(p<q)　　printf("p指针在p指针之前");

if(p!='\0')　　printf("p指针不是空指针");

通常2个和多个指针指向同一目标时(如一串连续的存储单元),比较才有意义。指针变量不能与整数进行关系运算。

【例6-1】通过指针变量访问整型变量。

解题思路: 先定义2个整型变量,再定义2个指针变量,分别指向这2个整型变量,通过访问指针变量,可以找到它们所指向的整型变量,从而得到这些变量的值。

```
#include <stdio.h>
main()
{int a=100,b=10;
 int *pointer_1, *pointer_2;
 pointer_1=&a;
 pointer_2=&b;
 printf("a=%d,b=%d\n",a,b);
 printf("*pointer_1=%d, *pointer_2=%d\n", *pointer_1, *pointer_2);
}
```

程序运行结果如图6-5所示。

```
a=100,b=10
*pointer_1=100,*pointer_2=10
Press any key to continue
```

图6-5　程序运行结果

【例6-2】输入2个整数a,b,使用指针变量按大小顺序输出这2个整数。

```
#include<stdio.h>
void main()
{
        int a,b, *p1, *p2, *p;
        p1=&a;
        p2=&b;
        printf("请输入2个数.\n");
        scanf("%d%d",p1,p2);   //相当于scanf("%d,%d",&a,&b);
        if(*p1<*p2)  {p=p2;p2=p1;p1=p;}
        printf("a=%d,b=%d\n",a,b);
        printf("max=%d,min=%d\n", *p1, *p2);
}
```

程序运行结果如图6-6所示。

```
请输入2个数。
40  50
a=40,b=50
max=50,min=40
Press any key to continue
```

图6-6　程序运行结果

当输入40、50后,由于*p1<*p2,所以将p1和p2交换。交换前的情况如图6-7(a)

所示，交换后的情况如图 6－7(b)所示。

注意： a 和 b 的值并没有发生交换，它们仍然保持原值，但是 p1 和 p2 的值改变了，p1 原来为 &a，p2 原来为 &b，后来变成了 p1 为 &b；p2 的值为 &a。在输出时，实际上是输出变量 b 和 a 的值，因此输出的结果为 50，40。该题是改变指针变量的指向。

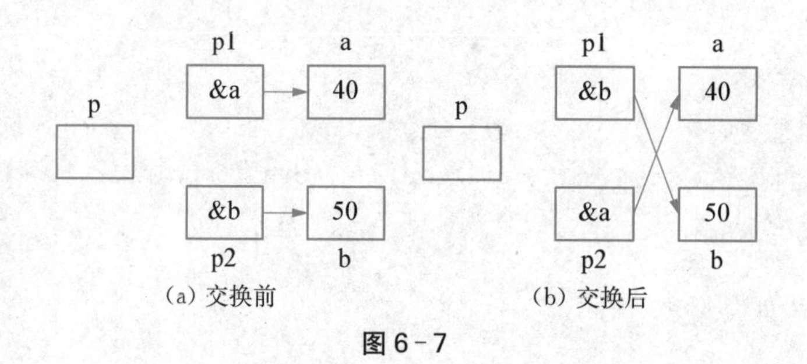

图 6－7

采用第二种方法完成例 6－2。

```
#include<stdio.h>
void main()
{
        int a,b, *p1, *p2,p;
        p1 = &a;
        p2 = &b;
        printf("请输入 2 个数.\n");
        scanf("%d%d",p1,p2);//相当于 scanf("%d,%d",&a,&b);
        printf("a = %d,b = %d\n",a,b);
        if( *p1< *p2)
        {
            p= *p2;
            *p2= *p1;
            *p1 = p;
    }
        printf("max = %d,min = %d,a = %d,b = %d\n", *p1, *p2,a,b);
}
```

程序运行结果如图 6－8 所示。

```
请输入2个数。
40  50
a=40,b=50
max=50,min=40,a=50,b=40
Press any key to continue
```

图 6－8　程序运行结果

当输入40、50后，由于 * p1< * p2，所以将p1和p2交换。交换前的情况如图6-9(a)所示，交换后的情况如图6-9(b)所示。

注意： a和b的值发生交换，但是p1和p2的值并没有改变，它们仍然保持原值。该方法是交换指针变量指向的变量值。

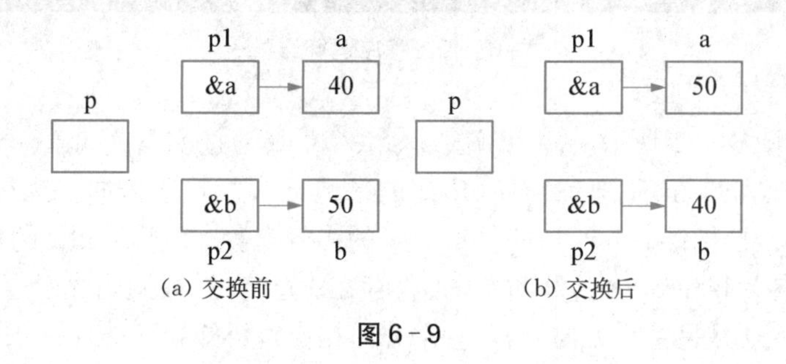

(a) 交换前　(b) 交换后

图6-9

6.1.3　知识扩展

6.1.3.1　指针作为函数的参数

作函数参数的不仅可以是整型、实型和字符型的变量和常量，也可以是指针。

形参作指针变量，其对应的实参应当是1个地址值，可以是变量的地址、指针变量或数组名。函数调用时将实参传递给形参，使实参和形参指向同一存储单元。

【例6-3】使用指针，定义1个函数，能够将主函数输入的2个整型数据交换。

```
#include<stdio.h>
main()
{
  void swap(int *a,int *b);    /*函数声明*/
  int x,y;
  printf("Input x,y:\n");
  scanf("%d,%d",&x,&y);
  printf("(1) x=%d,y=%d \n",x,y);
  swap(&x,&y);
  printf("(2) x=%d,y=%d \n",x,y);
}
void swap(int *a,int *b)
{
  int temp;
  temp=*a;
  *a=*b;
  *b=temp;
}
```

程序运行结果如图 6-10 所示。

```
Input x,y:
25,65
(1)x=25, y=65
(2)x=65, y=25
Press any key to continue
```

图 6-10 程序运行结果

交换情况如图 6-11 所示。调用函数 swap(&x,&y)把实参变量 x、y 的地址传递给形参 a、b(这是一个方向),这是地址传递(传递的是地址),不是值传递。执行函数 void swap (int *a,int *b),把指针 a、b 所指的对象 x、y 的内容交换(但指针 a、b 的指向不变);swap 执行完毕后,形参 a、b 和 tcmp 立即释放,不再存在。这样,在被调函数中通过形参 a、b 改变了实参 x、y 的值(这是另一个方向,与前一个方向相反),可知地址传递是双向的。

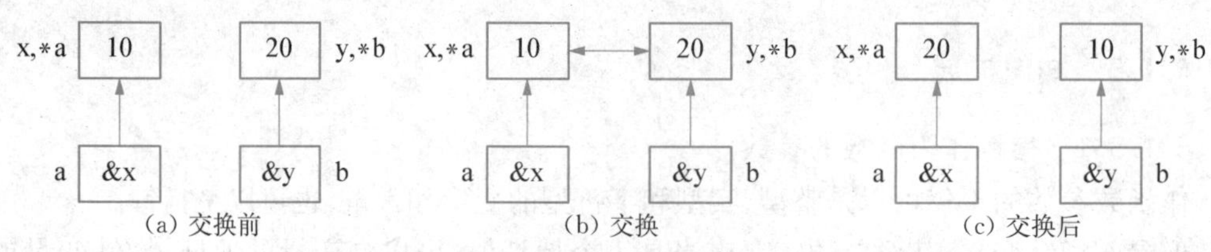

图 6-11 指针作为形参交换指针变量所指向的变量的值

思考:

如果把 temp=*a; *a=*b; *b=temp;改为 temp =a;a=b;b= temp;情况将如何?

由上面的例子可知,指针作为函数参数可以在调用 1 个函数时得到多个由被调函数改变了的值。

6.1.3.2 指向函数的指针

一个函数在内存中占用一段连续的内存单元,它有 1 个首地址(即函数的入口地址),函数名代表这个首地址(入口地址),通过这个地址可以找到该函数,这个地址称为函数的指针。把这个地址(即函数的入口地址)赋予 1 个指针变量,通过它也能调用该函数,这个指针变量称为指向函数的指针变量。

指向函数的指针变量定义的一般形式为:

```
类型标识符 (*指针变量名)( );
```

这里,类型标识符表示被指函数的返回值的类型;"*"表示其后的变量是指针变量,然后与后面的( )结合,表示此指针变量指向函数,这个函数值(即函数返回的值)是"类型标识符"所标明的类型,例如:

```
int(*p)( );
```

表示 p 是 1 个指针变量,它指向 1 个返回整型值的函数。

定义了指向函数的指针变量之后,可以将函数的入口地址赋予它,使指针变量指向该函

数,例如:

```
p = fun;
```

这里假设已经定义了 1 个函数 fun,上述语句的功能是使 p 指向函数 fun,函数名代表这个入口地址,如图 6 - 12 所示。

p
函数fun
其他单元

图 6 - 12　指针指向函数

调用函数的形式为:

```
(*指针变量)(实参表列)
```

例如:

```
(*p)(x,y)
```

它相当于 fun(x,y)。

6.1.3.3　函数的返回值是指针(返回指针的函数)

一个函数在被调用以后将返回 1 个值(void 函数除外)给主调函数,这个值可以是整型、实型、字符型等类型,也可以是指针类型。当 1 个函数的返回值是指针类型时,它称为返回指针的函数,即函数的返回值是指针(地址)。

返回指针的函数的定义形式为:

```
类型标识符　*函数名(参数表列);
```

例如:

```
int *fun(a,b)
```

它表示 fun 是 1 个函数,它返回 1 个指针值,这个指针指向 1 个整型数据,a 和 b 是形参。fun 先与后面的圆括号(　)结合,再与前面的 * 结合,因为(　)的优先级高于 *。

6.1.4　举一反三

在本任务中,介绍了地址与指针、指针变量的定义、引用、赋值及使用,下面通过实例来进一步掌握前面所介绍的知识。

【例 6 - 4】若定义: int a=511, * b= &a;,则 printf("%d\n", * b);的输出结果为(　　)。

A. 无确定值　　B. a 的地址　　C. 512　　D. 511

答案: D

解析: a 是整形变量,b 是整形指针变量,指向 a。输出指针变量 b 所指变量的值的输出结果为 511。

【例 6 - 5】变量的指针,其含义是指该变量的(　　)。

A. 值　　B. 地址　　C. 名　　D. 一个标志

答案: B

【例 6 - 6】若有说明语句：int a,b,c, * d= &c;,则能正确从键盘读入 3 个整数分别赋予变量 a、b、c 的语句是(　　)。

A. scanf("%d%d%d",&a,&b,d);　　B. scanf("%d%d%d",a,b,d);

C. scanf("%d%d%d",&a,&b,&d);　　D. scanf("%d%d%d",a,b, * d);

答案：A

解析：对于 int c, * d=&c;,c 是 1 个整型数据,d 是 1 个指针,它指向变量 c(即 d=&c, * 是指针类型的说明符),所以输入 c 的值可以用 scanf("%d",&c),也可以用 scanf("%d",d)。

【例 6 - 7】若有语句 int * p,a=10;p= &a;下面均代表地址的一组选项是(　　)。

A. a,p, * &a　　B. & * a,&a, * p　　C. * &p, * p,&a　　D. &a,& * p,p

答案：D

解析：int * p 是定义 1 个指针,p=&a,p 指向 a 的地址, * p=a, * 指针名是指取该指针所指地址中的内容,&a 为 a 的地址,& * p=&a,p 中放的是 a 的地址

【例 6 - 8】以下程序中调用 scanf 函数给变量 a 输入数值的方法是错误的,其错误原因是(　　)。

```
#include <stdio.h>
main()
{int *p, *q,a,b;
p=&a;
printf("input a:");
scanf("%d", *p);
…}
```

A. * p 表示的是指针变量 p 的地址

B. * p 表示的是变量 a 的值,而不是变量 a 的地址

C. * p 表示的是指针变量 p 的值

D. * p 只能用来说明 p 是 1 个指针变量

答案：B

解析：scanf 后面的参数是地址,把接收的值放到这个地址。

【例 6 - 9】输入 3 个整数,按照由小到大的顺序输出(指针方法)。

```
#include<stdio.h>
main()
{
int a,b,c, *p1, *p2, *p3, *p;
printf("请输入 3 个数字以逗号隔开\n");
scanf("%d,%d,%d",&a,&b,&c);
p1=&a;p2=&b;p3=&c;
```

```
if(a>b){p=p1;p1=p2;p2=p;}
if(a>c){p=p1;p1=p3;p3=p;}
if(b>c){p=p2;p2=p3;p3=p;}
printf("由小到大排列是\n");
printf("%d,%d,%d\n",*p1,*p2,*p3);
}
```

程序运行结果如图 6-13 所示。

```
请输入3个数字以逗号隔开
58,68,61
由小到大排列是
58,61,68
Press any key to continue
```

图 6-13 程序运行结果

【例 6-10】用函数形式实现例 6-9。

```
#include<stdio.h>
void swap(int *pa,int *pb)
{
int temp;
temp=*pa;*pa=*pb;*pb=temp;
}
void main()
{
int a,b,c,temp;
printf("请输入 3 个数字以逗号隔开\n");
scanf("%d,%d,%d",&a,&b,&c);
if(a>b)  swap(&a,&b);
if(a>c)  swap(&a,&c);
if(b>c)  swap(&b,&c);
printf("由小到大排列是\n");
printf("%d,%d,%d\n",a,b,c);
}
```

6.1.5 实践训练

经过前面的学习，大家已了解了指针变量的主要用法，下面自己动手解决一些实际问题。

6.1.5.1 初级训练

1. 已有定义 int a=2，*p1=&a，*p2=&a；下面不能正确执行的赋值语句是(　　)。

A. a= * p1+ * p2;　　B. p1=a;
C. p1=p2;　　D. a= * p1 * (* p2);

2. 请写出下面程序的输出结果。

```
#include <stdio.h>
void main()
{
  int *p, *q,a=10,b=20;
  p=&a;
  q=&b;
  printf("%d, %d\n", *p, *q);
  q=p;
  printf("%d, %d\n", *p, *q);
}
```

3. 请写出下面程序的输出结果。

```
#include <stdio.h>
int fun(int x,int y,int *cp,int *dp)
{ *cp=x+y;
  *dp=x-y;
}
main()
{
  int a,b,c,d;
  a=30;b=50;
  fun(a,b,&c,&d);
  printf("%d, %d\n",c,d);
}
```

6.1.5.2　深入训练

1. 有如下语句：int m=6,n=9, * p, * q;p=&m;q=&n;若要实现下图所示的存储结构，可选用的赋值语句是(　)。

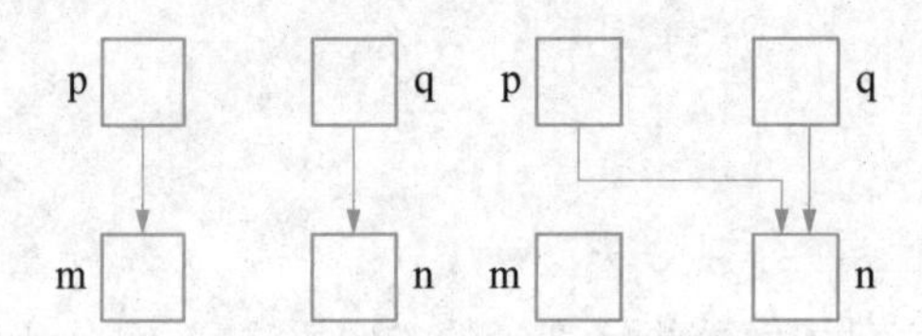

A. * p= * q;　　B. p= * q;　　C. p=q;　　D. * p=q;

2. 执行以下程序后，a 的值为________，b 的值为________。

```
#include <stdio.h>
main()
{
int a,b,k=4,m=6, *p=&k, *q=&m;
a=p= =&m;
b=(- *p)/( *q)+7;
printf("a= %d\n",a);
printf("b= %d\n",b);
}
```

3. 请写出下面程序的输出结果。

```
#include "stdio.h"
void fun(int *x,int *y)
{
printf(" %d %d", *x, *y);
*x=3;
*y=4;
}
main()
{
int x=1,y=2;
fun(&y,&x);
printf(" %d %d",x,y);
}
```

4. 有 3 个整型变量 i,j,k。请编写 1 个程序,设置 3 个指针变量 p1,p2,p3,分别指向 i,j,k。然后通过指针变量使 i,j,k 3 个变量的值按顺序交换,即原来 i 的值赋给 j,原来 j 的值赋给 k,原来 k 的值赋给 i。i,j,k 的原值由键盘输入,要求输出 i,j,k 的原值和新值。

5. 从键盘输入 3 个整数,要求设计 3 个指针变量 p1,p2,p3,使 p1 指向 3 个数的最大者,p2 指向次大者,p3 指向最小者,然后按从大到小的顺序输出 3 个数。

 任务 2　最高分选手成绩输出

6.2.1　任务的提出与实现

6.2.1.1　任务提出

对多名选手比赛的成绩进行管理,评委打分后,计算选手的总分,找出最高分的选手。

6.2.1.2 具体实现

为了程序运行简单,假设只有5名选手。

```
#include "stdio.h"
#define N 5
main()
  {
  int i,j,*max,k;
  int score [N][6];
  int(*p)[6];
  p=score;
  printf("请各位评委为选手打分:\n");
  /*输入成绩*/
  for(i=0;i<N;i++)
  {
        *(*(p+i)+5)=0;
        printf("%d号选手:",i+1);
        for(j=0;j<5;j++)
        scanf("%d",(*(p+i)+j));

  }
        /*计算每位选手的总分*/
  for(i=0;i<N;i++)
  {
        for(j=0;j<5;j++)
      *(*(p+i)+5)+=*(*(p+i)+j);
  }
  printf("选手的成绩:\n");
  printf("---------------------------\n");
    printf("        评委1  评委2  评委3  评委4  评委5  总分  \n");
  for(i=0;i<N;i++)
  {
        printf("%d号选手得分:",i+1);
        for(j=0;j<6;j++)
            printf("%6d",*(*(p+i)+j));
        printf("\n");
  }
/*找到总分最高*/
```

```
    max = *(p+0)+5;
    k=0;
    for(i=1;i<5;i++)
    {
    if(*(*(p+i)+5)>*max)
      k=i;
    }
  printf("--------------------------------\n");
    printf("最高分为%d号选手:\n",k+1);
  }
```

程序运行结果如图 6-14 所示。

```
请各位评委为选手打分:
1号选手:89 90 91 97 95
2号选手:74 75 75 71 71
3号选手:80 81 85 84 81
4号选手:89 85 84 82 81
5号选手:80 80 80 80 80
选手的成绩:
--------------------------------
                 评委1 评委2 评委3 评委4 评委5 总分
1号选手得分:      89    90    91    97    95   462
2号选手得分:      74    75    75    71    71   366
3号选手得分:      80    81    85    84    81   411
4号选手得分:      89    85    84    82    81   421
5号选手得分:      80    80    80    80    80   400
--------------------------------
最高分为1号选手:
Press any key to continue
```

图 6-14　程序运行结果

从上面这段程序,可知要掌握的知识点为:

① 一维数组元素的表示方法及应用。

② 二维数组元素的表示方法及应用。

6.2.2　相关知识

6.2.2.1　指针与一维数组

C 语言中,数组名代表该数组的首地址,即数组中第 1 个元素的地址,通过下标可以访问数组元素。如果定义 1 个指向数组元素的指针变量,就可以通过该指针变量找到数组中的任一元素,例如有以下说明语句:

```
int a[10], *p;
```

则语句 p=a;和 p=&a[0];是等价的,都是把数组 a 的起始地址赋予指针变量 p。同理,p=a+1;和 p=&a[1];两个语句也是等价的,它们的作用是把数组 a 中第 2 个元素 a[1]的地址赋予指针变量 p。以此类推,表达式 a+i 等价于表达式 &a[i](其中 i=0,1,…,9)。

用指针表示数组地址和内容的意义如下。

p+i,a+i　　表示 a[i]的地址,指向数组的第 i 个元素。

(p+i),(a+i)　　表示 p+i 和 a+i 所指对象的内容即 a[i]。

p[i]　　表示*(p+i)即通过带下标的指针引用数组元素。

数组元素的表示方法有:

下标法——a[i],p[i]等。

指针法(地址法,间接访问)——*(a+i),*&a[i],*(p+i)等。

注意:

① 数组名代表的是数组的首地址,是 1 个地址常量,因此 a++,a=p,a+=i 都是非法的。

② 指针是 1 个变量,可以对其进行加、减和赋值运算,如 p++,p=a,p=&a[i]等都是合法的。

③ a 和 a[0]具有不同含义。a 是 1 个地址常量,是 a[0]的地址,而 a[0]是 1 个变量名,代表 1 个存放数据的存储单元。

【例 6-11】分别用下标法和各种指针法输出数组元素。

```
#include "stdio.h"
main()
{
  int a[10] = {-1,-2,-3,-4,-5,0,200,15,100,70};
  int i;
  int *p;
  for(i = 0;i<10;i++)
   printf("%d",a[i]);          /*下标法*/
  printf("\n");
  for(i = 0;i<10;i++)
   printf("%d",*(a+i));        /*指针法 1*/
  printf("\n");
  for(i = 0;i<10;i++)
   printf("%d",*&a[i]);        /*指针法 2*/
  printf("\n");
  for(i = 0,p = a;i<10;i++)
   printf("%d",*(p+i));        /*指针法 3*/
  printf("\n");
  for(p = a;p<a+10;p++)
   printf("%d",*p);            /*指针法 4*/
  printf("\n");
}
```

运行结果:

```
-1  -2  -3  -4  -5  0  200  15  100  70
-1  -2  -3  -4  -5  0  200  15  100  70
-1  -2  -3  -4  -5  0  200  15  100  70
-1  -2  -3  -4  -5  0  200  15  100  70
-1  -2  -3  -4  -5  0  200  15  100  70
Press any key to continue_
```

图 6-15　程序运行结果

指针法 3 是使 p 指向 a 数组的第 1 个元素，然后依次输出各个 *(p+i)。

指针法 4 是使 p 指向 a 数组的第 1 个元素，此时 *p 是 a[0]，它输出后，p++使 p 指向 a 数组的下一个元素，此时 *p 是 a[1]，它输出后，p++使 p 指向 a 数组的下一个元素，…，直到输出 a[9]。

【例 6-12】现有 5 位选手，从键盘上输入每名选手的总成绩，并从大到小进行输出。

```
# include<stdio.h>
void main()
{int score [5], *p, *p2,temp,i;
 p=score;
 for(i=0;i<5;i++)
 {printf("请输入%d号选手的总成绩:",i+1);
  scanf("%d",p);
 p++;}
printf("--------------------------------\n");
printf("排序前的成绩为\n");
  for(p=score,i=0;p<score+5;p++,i++)
  {
        printf("%d号选手:",i+1);
        printf("%6d\n",*p);
  }
for(p=score;p<score+5-1;p++)
{for(p2=p+1;p2<score+5;p2++)
  if(*p<*p2)
    {temp=*p;
    *p=*p2;
    *p2=temp;}
}
    printf("--------------------------------\n");
  printf("排序后的成绩为\n");
  for(i=0,p=score;i<5;i++,p++)
    printf("%-6d",*p);
  printf("\n");
}
```

程序运行结果如图 6-16 所示。

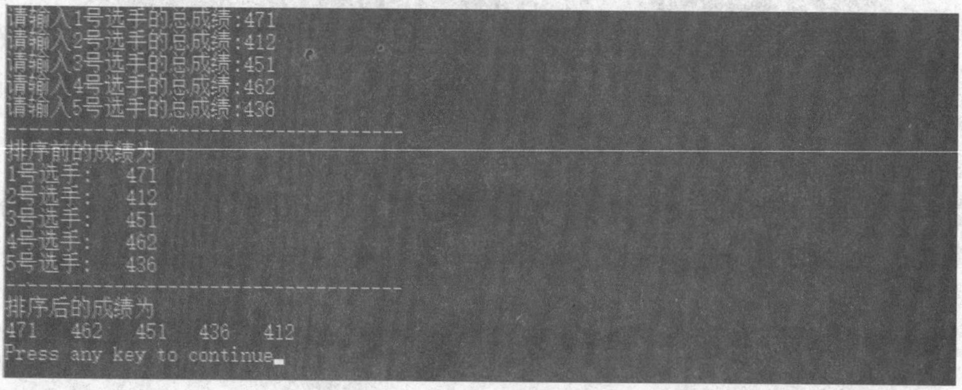

```
请输入1号选手的总成绩:471
请输入2号选手的总成绩:412
请输入3号选手的总成绩:451
请输入4号选手的总成绩:462
请输入5号选手的总成绩:436
----------------------------------------
排序前的成绩为
1号选手:   471
2号选手:   412
3号选手:   451
4号选手:   462
5号选手:   436
----------------------------------------
排序后的成绩为
471   462   451   436   412
Press any key to continue
```

图 6-16 程序运行结果

6.2.2.2 指针与二维数组

1）二维数组的指针表示方法

设有一个 3 行 4 列的整型二维数组 a[3][4]，可以把它看作是由 3 个元素 a[0]，a[1]，a[2]组成的一维数组。由于数组名代表数组的首地址（第 1 个元素的地址），所以 a 代表 &a[0]。a+1 为将指针从 a 处开始向下移动 1 行，因此 a+1 代表 &a[1]。如此 a+i 代表二维数组第 i 行的首地址，即 a+i 代表 &a[i]。由于数组名代表数组的首地址，a[0]，a[1]，a[2]分别是 1 个一维数组的名字，因此 a[0]，a[1]，a[2]分别代表 a[0][0]，a[1][0]，a[2][0]的地址，即 a[0]，a[1]，a[2]分别代表 &a[0][0]，&a[1][0]，&a[2][0]。通项为 a[i]代表 &a[i][0]。

对于数组第 0 行（看作是一维数组）来说，由于 a[0]代表 &a[0][0]，所以 a[0]+1 表示将指针向下移动 1 个元素，就是 &a[0][1]；a[0]+2 表示将指针再向下移动 1 个元素，就是 &a[0][2]；如此通项为 a[0]+j 代表 &a[0][j]。对不同行而言，通项为 a[i]+j 代表 &a[i][j]。

已知 a[i]代表 *(a+i)，因此在 a[i]和 *(a+i)上都加 j，可得 a[i]+j 代表 *(a+i)+j，这又是 1 个通项，是元素 a[i][j]的地址。由于在地址左边加 * 表示取内容（值），所以在通项 a[i]+j，*(a+i)+j，&a[i][j]前加 * 表示数组元素，即 *(a[i]+j)，*(*(a+i)+j)，*&a[i][j]表示数组元素。

因此，二维数组元素的表示方式有：

下标法——a[i][j]。

指针法（地址法，间接访问）——*(a[i]+j)，*(*(a+i)+j)，*&a[i][j]。

还需指出的是，a+i 和 &a[i]是二级指针，指向行；a[i]+j，*(a+i)+j 和 &a[i][j]是一级指针，指向列。

2）指针变量指向数组元素

例如下面 3 行：

```
int a[3][4] = {{10,20,30,40},{50,60,70,80},{90,100,110,120}};
int *p;
p = a[0];
```

这里 p＝a[0]等价于 p＝＊a，也等价于 p＝&a[0][0]，p、a[0]、＊a、&a[0][0]指向数组元素，都是一级指针，指向列。如果把 p＝a[0]用 p＝a 或 p＝&a[0]代替是错误的。虽然 a[0]、＊a、&a[0][0]、a、&a[0]表示的值相同，但 a、&a[0]是二级指针，指向行。只有同一级的指针才匹配。

【例 6－13】指针变量指向数组元素示例：输出二维数组中的全部元素。

```
#include "stdio.h"
main()
{
  int a[3][4] = {{10,20,30,40},{50,60,70,80},{90,100,110,120}};
  int *p;
  for(p = a[0];p<a[0] + 12;p++)
  {if((p - a[0]) % 4 == 0)  printf("\n");
   printf("%5d", *p);
  }
}
```

程序运行结果如图 6－17 所示。

```
10   20   30   40
50   60   70   80
90  100  110  120Press any key to continue
```

图 6－17　程序运行结果

3）指针变量指向一维数组

定义形式：

```
数据类型 (*指针名)[一维数组维数];
```

例如：int(＊p)[4]；这里，p 指向包含 4 个元素的一维数组，其中元素的类型为 int 型。

p 的值是一维数组的首地址，p 是行指针，必须指向行。一维数组指针变量的维数（这里为 4）与二维数组分解为一维数组时，一维数组的维数（长度）即二维数组的列数必须相同，例如 int a[3][4]。

对于一个二维数组，例如 a[3][4]＝{{10，20，30，40}，{50，60，70，80}，{90，100，110，120}}，由于它的每一行 a[0]、a[1]、a[2]可以看成是含有 4 个 int 型元素的一维数组，因此，可以将每一行的首地址赋予 p，例如将第 0 行的首地址赋给 p：

```
p = a 或 p = &a[0]
```

二者等价，p、a 和 &a[0]都是二级指针（指向行）。但是，如果写成 p＝＊a 或 p＝a[0]或 p＝&a[0][0]则是错误的，因为 p 是二级指针（指向行），＊a、a[0]、&a[0][0]都是一级指针（指向列），不匹配。

【例6-14】指针变量指向一维数组示例：输出二维数组中的全部元素。

```
#include "stdio.h"
main()
{
  int a[3][4] = {{10,20,30,40},{50,60,70,80},{90,100,110,120}};
  int(*p)[4],i,j;
  p=a;
  for(i=0;i<3;i++)
  {for(j=0;j<4;j++)
   printf("%5d",*(*(p+i)+j));
   printf("\n");
  }
}
```

程序运行结果如图6-18所示。

```
  10   20   30   40
  50   60   70   80
  90  100  110  120
Press any key to continue
```

图6-18 程序运行结果

说明：*(*(p+i)+j)与*(*(a+i)+j)的含义相同，都是指a[i][j]。因为p的值为a，是第0行的首地址，p+i则为第i行的首地址，它指向一维数组a[i]，*(p+i)等于a[i]，也等于&a[i][0]。推而广之，*(p+i)+j等于&a[i][j]，因此，*(p+i)+j和&a[i][j]的前面都加*，得到*(*(p+i)+j)等于a[i][j]，即第i行第j列元素的值。

【例6-15】现有5位选手，从键盘上输入5位评委对每名选手的打分，并输出。

```
#include "stdio.h"
#define N 5
main()
{
  int i,j;
  int score [N][5];
  int(*p)[5];
  p=score;
  printf("请各位评委为选手打分:\n");
  /*输入成绩*/
  for(i=0;i<N;i++)
```

```
  {
      printf(" %d 号选手:",i+1);
      for(j=0;j<5;j++)
      scanf(" %d",(*(p+i)+j));
  }
  printf("选手的成绩:\n");
  printf("------------------------------\n");
  printf("        评委 1  评委 2  评委 3  评委 4  评委 5  \n");
  for(i=0;i<N;i++)
  {
      printf(" %d 号选手得分:",i+1);
    for(j=0;j<5;j++)
          printf(" %6d",*(*(p+i)+j));
      printf("\n");
  }
}
```

程序运行结果如图 6-19 所示。

```
请各位评委为选手打分:
1号选手:89 87 84 81 85
2号选手:90 91 78 74 74
3号选手:90 95 74 71 75
4号选手:82 84 85 84 81
5号选手:78 78 74 75 78
选手的成绩:
------------------------------------
               评委1 评委2 评委3 评委4 评委5
1号选手得分:    89    87    84    81    85
2号选手得分:    90    91    78    74    74
3号选手得分:    90    95    74    71    75
4号选手得分:    82    84    85    84    81
5号选手得分:    78    78    74    75    78
Press any key to continue
```

图 6-19　程序运行结果

【例 6-16】完善例 6-15,输出总分,并找出总分最高的选手成绩。

```
#include "stdio.h"
#define N 5
main()
{
    int i,j,*max,k;
    int score[N][6];
    int(*p)[6];
    p=score;
    printf("请各位评委为选手打分:\n");
```

```
    /*输入成绩*/
    for(i=0;i<N;i++)
    {
        *(*(p+i)+5)=0;
        printf("第%d名选手:",i+1);
        for(j=0;j<5;j++)
        scanf("%d",(*(p+i)+j));

    }
        /*计算每位选手的总分*/
    for(i=0;i<N;i++)
    {
        for(j=0;j<5;j++)
      *(*(p+i)+5)+=*(*(p+i)+j);
    }
    printf("选手的成绩:\n");
    printf("------------------------------\n");
    printf("        评委1  评委2  评委3  评委4  评委5  总分  \n");
    for(i=0;i<N;i++)
    {
        printf("第%d名选手得分:",i+1);
      for(j=0;j<6;j++)
           printf("%6d",*(*(p+i)+j));
      printf("\n");
  }
/*找到总分最高*/
  max=*(p+0)+5;
    k=0;
    for(i=1;i<5;i++)
    {
    if(*(*(p+i)+5)>*max)
       k=i;
    }
  printf("------------------------------\n");
  printf("最高分选手成绩为:\n");
  for(i=0;i<5;i++)
    printf("%5d",*(*(p+k)+i));
  printf("\n");
  }
```

程序运行结果如图 6 - 20 所示。

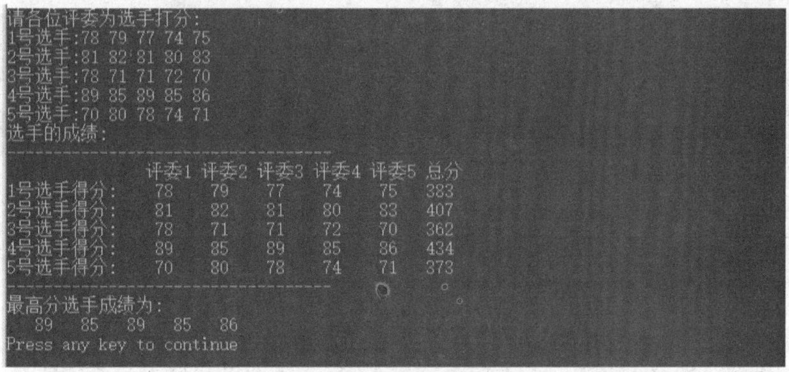

```
请各位评委为选手打分:
1号选手:78 79 77 74 75
2号选手:81 82 81 80 83
3号选手:78 71 71 72 70
4号选手:89 85 89 85 86
5号选手:70 80 78 74 71
选手的成绩:
---------------------------------
               评委1 评委2 评委3 评委4 评委5 总分
1号选手得分:    78    79    77    74    75   383
2号选手得分:    81    82    81    80    83   407
3号选手得分:    78    71    71    72    70   362
4号选手得分:    89    85    89    85    86   434
5号选手得分:    70    80    78    74    71   373
---------------------------------
最高分选手成绩为:
   89   85   89   85   86
Press any key to continue
```

图 6 - 20　程序运行结果

6.2.3　知识扩展

6.2.3.1　指针数组

1 个数组,它的每个元素都是指针,则称其为指针数组。指针数组中的每 1 个元素都相当于 1 个指针变量。一维指针数组的定义形式为:

数据类型 * 数组名[数组长度];

例如:int *p[3];

这里,[ ]优先级高于 *,所以 p 先与[3]结合,成为 p[3],这很明显是数组,它有 3 个元素,即 p[0],p[1],p[2]。之后再与前面的 * 结合,* 表示该数组是指针类型的,每个数组元素都是指向整型量的指针。由于每个数组元素都是指针,它只能是地址。

【例 6 - 17】用指针数组输出二维数组中的全部元素。

```
#include "stdio.h"
main()
{
  int a[3][4] = {{10,20,30,40},{50,60,70,80},{90,100,110,120}};
  int i,j;
  int *p[3];
  p[0] = a[0];p[1] = a[1];p[2] = a[2];  /*  初始化  */
  for(i = 0;i<3;i++)
  {for(j = 0;j<4;j++)
    printf("%5d", *(p[i] + j));/*  *(p[i] + j)即*(*(p+i) + j),也就是 a
[i][j]*/
    printf("\n");
  }
  }
```

程序运行结果如图 6-21 所示。

```
  10  20  30  40
  50  60  70  80
  90 100 110 120
Press any key to continue
```

图 6-21 程序运行结果

指针数组非常适合字符串的操作。如果把 4 个字符串存储在数组中,最长的字符串为 7 个字符,连同"\0"8 个字符,则要定义 4×8 的二维字符数组:

char str[4][8]={"Program","c","and","Design"};这会浪费很多内存单元。如果定义成指针数组 char * str[4]={"Program","c","and","Design"};则不会浪费内存单元。

6.2.3.2 指针与字符串

操作字符串可以使用字符数组。操作字符串也可以和指针联系起来,使用字符指针,从而使指针指向不同的字符,达到操作字符串的目的。

【例 6-18】用字符指针指向 1 个字符串"program",输出该字符串。

```
#include "stdio.h"
main()
{
char str[ ]={"program"};/* 用 char str[ ]="Program";也可以 */
char *p;
p=str;                    /* 数组名代表首地址 */
printf("%s\n",p);         /* %s 从指针指向的字符开始输出,直到"\0"为止 */
}
```

程序运行结果如图 6-22 所示。

```
program
Press any key to continue
```

图 6-22 程序运行结果

【例 6-19】删除 1 个字符串"program!"中指定的字符"!"。

```
#include "stdio.h"
main()
{
  char *p="program";/* 定义字符指针 */
  char str[10],s='!';
  int k=0;
```

```
    for(; *p!='\0';p++)
     if(*p!=s)
      {str[k] = *p;
        k++;
      }
    str[k] ='\0';
    printf("Result: %s\n",str);
    }
```

程序运行结果如图6-23所示。

```
Result : program
Press any key to continue
```

图6-23 程序运行结果

6.2.4 举一反三

在本任务中,介绍了指针与一维数组及二维数组的表示方法、指针与字符串的使用方法,下面通过实例来进一步掌握前面所介绍的知识。

【例6-20】若有以下定义: int a[10], *p=a;则 p+5 表示( )。

A. 元素 a[5]的地址　　B. 元素 a[5]的值

C. 元素 a[6]的地址　　D. 元素 a[6]的值

答案: A

解析: 因为 *p=a 是把数组 a 的首地址传给了指针 p,而数组的定义是从 a[0]开始的,所以 p+5 表示元素 a[5]的地址。

【例6-21】若有说明语句 char a[]="It is mine";char *p="It is mine";则以下不正确的叙述是( )。

A. a+1 表示的是字符 t 的地址

B. p 指向另外的字符串时,字符串的长度不受限制

C. p 变量中存放的地址值可以改变

D. a 中只能存放10个字符

答案: D

解析: 本题考查字符串数组和指针的引用方式。系统在每个字符中或数组的最后自动加入1个字符'\0',作为字符的结束标志。在本题中,char a[]="It is mine";所表示的 a 字符串实际含有11个字符。

【例6-22】若有以下定义 int a[5], *p=a;则对 a 数组元素的正确引用是( )。

A. *&a[5]　　B. a+2　　C. *(p+5)　　D. *(a+2)

答案: D

解析: 由于 a[5]已经超出数组范围了,所以 *&a[5]不是数组元素;a+2 是 a[2]的地

址，不是数组元素；*(p+5)相当于 a[5]，已经超出数组范围，不是数组元素；*(a+2)相当于 a[2]。

【例 6-23】设 p1 和 p2 是指向 1 个 int 型一维数组的指针变量，k 为 int 型变量，则不能正确执行的语句是(　　)。

A. k=*p1+*p2　　　　B. p2=k

C. p1=p2　　　　D. k=*p1*(*p2)

答案： B

解析： 本题主要考查了一维数组指针的赋值和用指针引用数组元素进行运算。选项 B 中 p2 为指向 int 型变量的指针，而 k 为 int 型变量，不能将 int 型变量直接赋值给指向 int 型变量的指针，所以选项 B 错误，应为 p2=&k。

【例 6-24】从键盘上输入 10 个数据到一维数组中，然后找出数组中的最大值和该数值所在的元素下标。

```
#include<stdio.h>
int max(int *p)
{
  int max;
  int i,j;
  int index;
  for(i=0;i<9;i++)
  {
    max=*(p+i);
    index=i;
    for(j=1;j<10;j++)
    {
      if(max<*(p+j))
      {
        max=*(p+j);
        index=j;
      }
    }
  }
  return index;
}
int min(int *p)
{
  int min;
  int i,j;
```

```
    int index;
    for(i = 0;i<10;i + + )
    {
      min = *(p + i);
      index = i;
      for(j = 1;j<10;j + + )
      {
        if(min> *(p + j))
        {
          min = *(p + j);
          index = j;
        }
      }
    }
    return index;
  }
  main()
  {
    int a[10];
    int i;
    for(i = 0;i<10;i + + )
    {
      scanf(" %d",&a[i]);
    }
    printf("max 下标: %d,min 下标: %d\n",max(a),min(a));
  }
```

程序运行结果如图 6 - 24 所示。

```
8 96 8 80 6 7 4 5 2 62
max下标:1,min下标:8
Press any key to continue
```

图 6 - 24 程序运行结果

【例 6 - 25】从键盘上输入 10 个整数存放到一维数组中,用函数实现将 10 个整数按输入时的顺序逆序排列,函数中对数据的处理要用指针方法实现。

```
#include<stdio.h>
void my_nixu(int *head,int *tail)
{
```

```
    char temp;
    while(head<tail)
    {
      temp = * head;
      * head = * tail;
      * tail = temp;
      head + + ;
      tail - - ;
    }
  }
  main()
  {
    int a[10];
    int i;
    int * head, * tail;
    for(i = 0;i<10;i + + )
    {
      scanf(" %d",&a[i]);
    }
    head = &a[0];
    tail = &a[9];
    my_nixu(head,tail);
    for(i = 0;i<10;i + + )
    {
      printf(" %d ",a[i]);
    }
    printf("\n");
  }
```

程序运行结果如图 6 - 25 所示。

```
85 9 7 1 3 8 1 5 72 2
2 72 5 1 8 3 1 7 9 85
Press any key to continue
```

图 6 - 25 程序运行结果

【例 6 - 26】编写 1 个函数(参数用指针)将 1 个 3×3 的矩阵转置。

```
#include<stdio.h>
void zhuanzhi(int( * p)[3],int( * q)[3])
```

```
{
  int i,j,k;
  for(i=0;i<3;i++)
  {
    for(j=0;j<3;j++)
    {
      for(k=0;k<3;k++)
      {
        *(*(q+i)+k)=*(*(p+k)+i);
      }
    }
  }
}
main()
{
  int a[3][3],b[3][3];
  int i,j;
  for(i=0;i<3;i++)
  {
    for(j=0;j<3;j++)
    {
      scanf("%d",&a[i][j]);
    }
  }
  zhuanzhi(a,b);
  for(i=0;i<3;i++)
  {
    for(j=0;j<3;j++)
    {
      printf("%d ",b[i][j]);
    }
  }
  printf("\n");
}
```

程序运行结果如图 6-26 所示。

```
1  2  3
4  5  6
7  8  9
转置后的矩阵
1   4   7
2   5   8
3   6   9

Press any key to continue
```

图 6-26 程序运行结果

【例 6-27】将已知的 5 个字符串按字典顺序重新排列。

分析：字符串的比较可以用系统提供的函数 strcmp()来实现。

```
 #define N 5
 #include<string.h>
 #include<stdio.h>
main()
{
int i,j;
char *t;
char *str[]={"monitor","landscape","paddle","partition","current"};
for(i=0;i<N-1;i++)
    for(j=i+1;j<N;j++)
      if(strcmp(str[i],str[j])>0)
        {
            t=str[j];  str[j]=str[i];  str[i]=t;
        }
for(i=0;i<N;i++)
    printf("\n%s",str[i]);
}
```

程序运行结果如图 6-27 所示。

```
current
landscape
monitor
paddle
partition
Press any key to continue
```

图 6-27 程序运行结果

6.2.5 实践训练

经过前面的学习，大家已了解了一维数组及二维数组的主要用法，下面自己动手解决一些实际问题。

6.2.5.1 初级训练

1. 已知 p、p1 为指针变量，a 为数组名，i 为整型变量，下列赋值语句中不正确的是( )。

A. p=&i;　　B. p=a;　　C. p=&a[i];　　D. p=10;

2. 下面程序段中，for 循环的执行次数是( )。

```
char *s="\ta\018bc";  for(;*s!='\0';s++)printf("*");
```

A. 9　　B. 5　　C. 6　　D. 7

3. 若有以下定义和语句，则能正确表示 a 数组元素地址的表达式是( )。

```
double a[5],*p1;p1=a;
```

A. a　　B. p1+5　　C. *p1　　D. &a[5]

4. 设 char *p="pascal"，则表达式 *(++p+1)+1 的值是下列哪个字符的 ASCII 码？( )

A. 'b'　　B. 'c'　　C. 's'　　D. 't'

5. 以下程序的输出结果是________。

```
#include <stdio.h>
void main()
{float s[]={1.6,3.0,-5.4,7.8,94.0,0.0},*p;
  p=s;
  printf("%.1f,%.1f\n",*p,*(p+3));
}
```

6. 执行以下程序段后 y 的值为________。

```
#include <stdio.h>
  void main()
  {
    int a[]={1,3,5,7,9};
  int  y,x,*p;
  y=1;
  p=&a[1];
  for(x=0;x<3;x++)
    y*=*(p+x);
}
```

7. 下列程序的输出结果是________。

```
#include <stdio.h>
  void main()
  {char a[10] = "ABC", *pc;
  pc = "hello";    //字符串常量首地址赋给pc
  printf("%s\n",pc);
  pc++;printf("%s\n",pc);
  printf("%c\n", *pc);
  pc = a;
  printf("%s\n",pc);
  }
```

6.2.5.2 深入训练

1. 编写1个函数,可以实现2×3,3×4矩阵相乘运算(用指针方法)。

2. 编写程序,通过调用随机函数给5×6的二维数组元素赋予10～40范围内的整数,求出二维数组每行元素的平均值。

3. 求3×4的二维数组{1,3,5,7,9,11,13,17,19,21,23,25}中的所有元素之和。

4. 用键盘输入10个整数存放到一维数组中,将其中最小的数与第1个数交换,最大的数与最后一个数交换。要求将数据交换的处理过程编成1个函数,函数对数据的处理要用指针方法实现(输入数据为:35,20,94,－23,39,－56,100,87,49,12)。

5. 编写1个函数,函数的功能是移动字符串中的内容。移动的规则如下:把第1到第m个字符,平移到字符串的最后;再把第$m+1$到最后的字符移动到字符串的前部。例如,字符串中原来的内容为ABCDEFGHIJK,m的值为3,则移动后字符串中的内容应该是DEFGHIJKABC。在主函数中输入1个长度不大于20的字符串和平移的值m,调用函数完成字符串的平移(要求用指针方法处理字符串)。

项目6 选手信息管理

技能目标

(1) 具备用结构体数组处理信息的能力。

(2) 学会数据文件的读取及将程序运行结果保存到文件的能力。

知识目标

(1) 学会结构体的定义及引用。

(2) 学会用结构体数组进行选手成绩单的制作。

(3) 学会文件的打开与关闭

(4) 学会文件的读取与写入。

课程思政与素质

(1) 通过结构体的学习,让学生明白任何集体都有每一位成员都应该遵守的规则。

(2) 通过结构体的学习,培养学生细致钻研的学风和求真务实的品德。

(3) 通过结构体的学习,可以开拓学生思维,同时培养学生理论与实际相结合的思维习惯。

(4) 通过文件的读写学习,培养学生遵守规则和社会公德的优良作风。

(5) 通过文件管理的学习,让学生学会保存资料、资源共享等日常工作。

项目要求

键盘输入选手的相关信息(编号、姓名、性别)及评委的打分,存入文件,再从文件中读出,按照总分从高到低进行排序后输出成绩单,并保存到文件。

项目分析

多位选手的信息从键盘输入,既慢又容易出错,现在使用文件进行数据的输入与输出。

要完成选手信息的录入及评委打分用结构体数组实现会更科学，首先，必须要学会用结构体数组进行选手信息的输入，并输出排序后的学生成绩单；其次，必须了解文件的概念，学会文件的打开与关闭、文件的读取与写入等操作。所以，该项目分解成两个任务：任务 1 是选手成绩单的制作；任务 2 是选手的信息文件管理。

7.1 任务 1 选手成绩单的制作

7.1.1 任务的提出与实现

7.1.1.1 任务提出

键盘输入选手的相关信息（编号、姓名、性别）及评委的打分，计算选手的总分，按总分的高低进行排序，输出排序后的成绩单（每条记录包括编号、姓名、性别、评委打分、总分的信息）。

7.1.1.2 具体实现

为了程序运行方便，假设有 5 名选手。

```
#include<stdio.h>
#include<string.h>
#include<stdlib.h>
typedef struct player
{
  char ID[20];
  char name[20];
  char sex[6];
  int s[4];
}player1;
main()
{
  int n,i,j,k,h;
  player1play[110],ch;
  printf("请输入选手人数:");
  scanf("%d",&n);
printf("请录入选手的编号,姓名,性别,选手得分:\n");
  for(i=0;i<n;i++)
  {
    scanf("%s ",play[i].ID);
      scanf("%s ",play[i].name);
      scanf("%s ",play[i].sex);
      play[i].s[3]=0;
```

```
        for(j = 0;j<3;j + + )
        {
          scanf(" % d",&play[i].s[j]);
          play[i].s[3] = play[i].s[3] + play[i].s[j];
        }
    }
    for(i = 0;i<n;i + + )
    {
        for(j = (i + 1);j<n;j + + )
        {
            if(play[i].s[3]<play[j].s[3])
            {
                ch = play[i];
                play[i] = play[j];
                play[j] = ch;
            }
            if(play[i].s[3] = = play[j].s[3])
            {
                if(strcmp(play[i].name,play[j].name)>0)
                {
                  ch = play[i];
                  play[i] = play[j];
                  play[j] = ch;
                }
            }
        }
    }
    printf("选手的最终排名为:\n");
    printf("排名  编号  姓名  性别  成绩1  成绩2  成绩3  总分\n");
    for(i = 0;i<n;i + + )
    {
        printf(" % - 4d",i + 1);
        printf(" % 5s",play[i].ID);
        printf(" % 10s",play[i].name);
        printf(" % 7s",play[i].sex);
        printf(" % 7d % 7d % 7d % 7d",play[i].s[0],play[i].s[1],play[i].s[2],
play[i].s[3]);
        printf("\n");
```

```
    }

}
```

程序运行结果如图 7-1 所示。

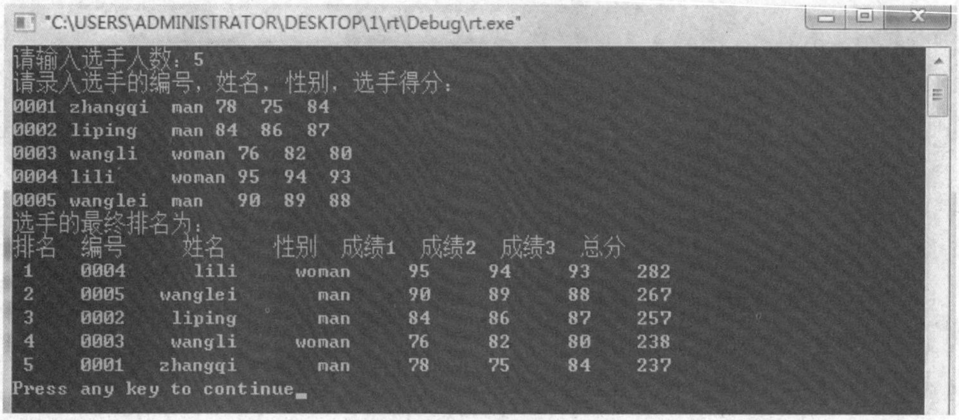

```
"C:\USERS\ADMINISTRATOR\DESKTOP\1\rt\Debug\rt.exe"
请输入选手人数：5
请录入选手的编号，姓名，性别，选手得分：
0001 zhangqi  man 78  75  84
0002 liping   man 84  86  87
0003 wangli   woman 76  82  80
0004 lili     woman 95  94  93
0005 wanglei  man   90  89  88
选手的最终排名为：
排名  编号     姓名     性别  成绩1  成绩2  成绩3  总分
 1    0004     lili     woman     95     94     93    282
 2    0005   wanglei      man     90     89     88    267
 3    0002    liping      man     84     86     87    257
 4    0003    wangli    woman     76     82     80    238
 5    0001   zhangqi      man     78     75     84    237
Press any key to continue
```

图 7-1　程序运行结果

从上面这段程序可分析出：

① 要掌握结构体及结构体变量的定义。

② 要掌握结构成员的引用方法。

③ 要掌握结构变量的初始化方法。

④ 要懂得如何使用结构体数组实现对每个选手求总分，然后进行排序。

7.1.2　相关知识

在 C 语言中引入了一种能集不同数据类型于一体的数据类型——结构体类型。这种类型的变量可以拥有不同数据类型的成员即不同数据类型成员的集合，从而为解决具有这种数据类型的问题提供了方便。

7.1.2.1　结构体及结构体变量的定义

在 C 语言中可以用如下所示的结构类型来描述选手的信息：

```
struct  player/*定义选手结构体类型*/
{
char name[20];/*选手姓名*/
char sex[6];/*选手性别*/
char num[10];/*选手编号*/
float score;/*选手成绩*/
};
```

这里定义了 1 个结构体类型 struct player，其中 struct 为结构体类型的关键字，player 是结构名,{}内是结构体的成员。结构体类型根据所针对的问题不同,其成员可以是不同的。

结构体类型的一般定义形式为:

```
struct  结构体名
{
成员项表列{类型名 结构成员名;
              ⋮
};
```

这里的结构体成员的命名规则与变量相同,可以是简单类型、数组、指针或已定义过的结构等。

说明:结构定义仅仅是说明构成结构体类型的数据结构,即说明了此结构体内允许包含的各成员的名字和类型,并没有在内存中为此开辟任何存储空间。只有定义了结构体变量后,C编译程序才为构成结构的各变量分配适当的内存空间。

定义了结构体类型,就可以用它来定义结构变量了,就像定义其他类型的变量一样。定义结构变量是为了对结构体中的各成员进行引用。

结构变量的定义可以采用如下3种形式。

(1) 先定义结构体类型,再定义结构变量

例如:

```
struct player/*定义选手结构体类型*/
{
char name[20];/*选手姓名*/
char sex[6];/*选手性别*/
char num[10];/*选手编号*/
float score;/*选手成绩*/
};
struct player player1, player2;/*定义结构变量*/
```

这里定义了2个结构变量:player1和player2。用该结构体类型,还可以定义更多的结构变量,每1个结构变量都具有该结构体类型。

(2) 在定义结构体类型的同时定义结构变量

```
struct player  /*定义选手结构体类型*/
{
char name[20];/*选手姓名*/
char sex[6];/*选手性别*/
char num[10];/*选手编号*/
float score;/*选手成绩*/
} player 1,player 2;/*定义结构变量*/
```

(3) 直接定义结构变量

```
struct/ * 定义选手结构体类型 * /
{
char name[20];/ * 选手姓名 * /
char sex[6];/ * 选手性别 * /
char num[10];/ * 选手编号 * /
float score;/ * 选手成绩 * /
} player 1,player 2;/ * 定义结构变量 * /
```

该定义方法不定义结构体类型名，无法记录该结构体类型，所以除直接定义外，不能再定义该结构变量。

说明：①结构名是自定义的标识符，只代表结构的数据结构，程序中只能使用结构变量传递信息，不能用结构名传递信息。

② 结构体中的成员本身还可以是结构体，即在结构体中可以内嵌另一个结构体，而且内嵌结构体成员的名字可以和外层成员名字相同。例如：

```
struct date
{
int month;
int day;
int year;
}
struct person
{
char name[20];
struct date birthday;
}person1;
```

这里 struct date 嵌入到了 struct person 中，因此系统分配给结构变量 person1 的存储空间为 26 个字节。

7.1.2.2 结构成员的引用

定义了结构变量就可以使用结构成员操作符“.”(或称为点操作符)来引用结构体中的某个成员了。其引用的方式为：

```
结构体变量名.结构成员名
```

例如，对于如下结构体：

```
struct player  / * 定义选手结构体类型 * /
{
char name[20];/ * 选手姓名 * /
```

```
char sex[6];/*选手性别*/
char num[10];/*选手编号*/
float score;/*选手成绩*/
} player1;/*定义结构变量*/
```

要给结构变量 player1 中的 score 赋值 90，其引用的方式为：player1. score=90；

对于嵌套的结构体类型，其引用的形式如下：

```
struct date
{
int month;
int day;
int year;
}
struct person
{
char name[20];
struct date birthday;
}person1;
```

该结构变量成员的引用形式为：person1. name，person1. birthday. month，person1. birthday. day，person1. birthday. year。

【例 7-1】用上面定义的结构体，从键盘上输入 1 个选手的信息，并将其存入结构成员中，然后显示结构成员的数据。

```
#include "stdio.h"
main()
{
struct player
{
char name[20];
char sex[6];
char num[15];
float score;
}player1;
printf("\nEnter player name:");
gets(player1.name);
printf("\nEnter player sex:");
gets(player1.sex);
```

```
printf("\nEnter player num:");
gets(player1.num);
printf("\nEnter player score:");
scanf("%f",&player1.score);
printf("\nName is: %s",player1.name);
printf("\nSex is: %s",player1.sex);
printf("\nNum is: %s",player1.num);
printf("\nScoren is: %5.1f",player1.score);
}
```

运行程序时输入：

```
Enter player name: zhangsan
Enter player sex: male
Enter player num: 0001
Enter player score: 85
```

输出结果如图 7-2 所示：

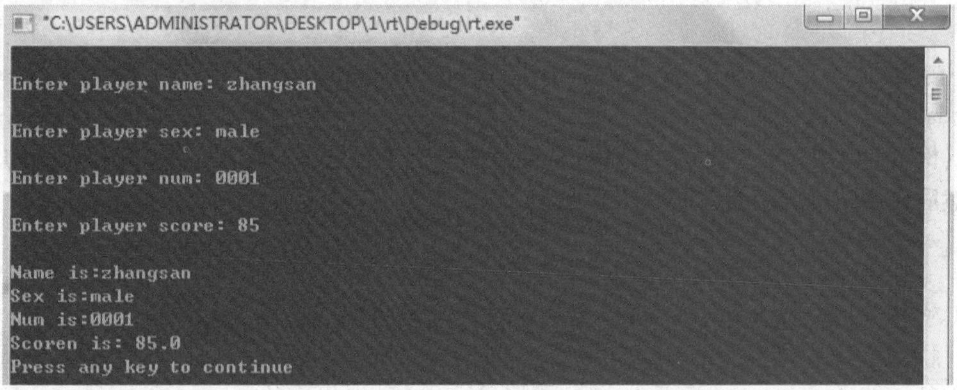

```
"C:\USERS\ADMINISTRATOR\DESKTOP\1\rt\Debug\rt.exe"

Enter player name: zhangsan

Enter player sex: male

Enter player num: 0001

Enter player score: 85

Name is:zhangsan
Sex is:male
Num is:0001
Scoren is: 85.0
Press any key to continue
```

图 7-2 运行结果

7.1.2.3 结构变量的初始化

与变量和数组的初始化类似，在定义结构体变量的同时可以给各个成员赋初值，这就是结构变量的初始化。

初始化是按照所定义的结构体类型的数据结构，依次写出各初始值，在编译时就将这些值依次赋予该结构变量的各成员，例如：

```
struct player
{
char name[20];/*选手姓名*/
```

```
char sex[6];/*选手性别*/
char num[10];/*选手编号*/
float score;/*选手成绩*/
}player1 = {"Zhang san","male","0015",90};
```

或者

```
struct player
{
char name[20];
char sex[6];
char num[15];
float score;
};
struct player player1 = {"Zhang san","male","0015",90};
```

上述对结构变量的3种定义形式都可以在定义时进行初始化,也可以在程序中通过输入和输出函数完成对结构变量成员的输入和输出。结构变量成员的输入和输出必须采用各成员独立进行的形式,而不能将结构变量以整体的形式输入和输出。

【例7-2】下面将例7-1程序中的输入改为全部以字符串形式输入,再用C语言的类型转换函数将其转换为相应的结构变量成员的数据类型。

```
#include<stdlib.h>
#include<stdio.h>
main()
{
struct player
{
char name[20];
char sex[6];
char num[15];
float score;
}player1;
char score[15];
printf("\nEnter player name:");
gets(player1.name);
printf("\nEnter player sex:");
gets(player1.sex);
printf("\nEnter player num:");
```

```
gets(player1.num);
printf("\nEnter player score:");
gets(score);
player1.score = atof(score);
printf("\nName is: %s",player1.name);
printf("\nSex is: %s",player1.sex);
printf("\nNum is: %s",player1.num);
printf("\nScoren is: %5.1f",player1.score);
}
```

C语言提供的类型转换函数给程序设计带来了极大的方便。在上面的程序中，输入数据全部是按字符串输入的，输入后再将其数据转换为结构体中所定义的类型。

C语言提供的类型转换函数有：

int atoi(char * str)；将str所指向的字符串转换为整型，函数的返回值为整型。

double atof(char * str)；将str所指向的字符串转换为实型，函数的返回值为双精度的实型。

long atol(char * str)；将str所指向的字符串转换为长整型，函数的返回值为长整型。

使用上述函数，要包含头文件“stdlib.h”。

说明：在输入结构成员时，最好不要用scanf()函数输入包括字符型数据在内的一组不同类型的数据，通常情况下是把各种数据按字符串读入，再用C语言提供的类型转换函数atoi()，atof()和atol()将读入的字符串转换为相应的数值型数据。

7.1.2.4 结构体数组

1个结构变量只能存放1个选手的信息，当要输入和显示多个选手的信息时，就必须设置多个结构变量，给程序设计带来了很大的不便，于是人们自然想到了数组。C语言允许使用结构体数组，数组中的每一个元素都是1个结构变量。

例如：

```
struct player
{char name[20];
char sex[6];
char num[15];
float score;
};
struct player play[30];
```

这里定义了1个具有30个元素的结构体数组，它的每一个元素都是struct player类型。

结构体数组也可以进行初始化，方法是按数组元素分别赋予初始值。

【例7-3】利用如下的结构体,输入5个选手的信息,并将其显示在屏幕上。

```
struct player   /*定义选手结构体类型*/
{char name[20];/*选手姓名*/
char sex[6];/*选手性别*/
char num[10];/*选手编号*/
int score[3];/*3位评委的打分*/
};
```

分析:该问题要求输入5个选手的姓名、性别、编号和3位评委的打分。如果用结构体变量就要定义5个结构变量,显然是不合适的,因此应该使用结构体数组来实现。

```
#include<stdlib.h>
#include<stdio.h>
struct player
{char name[20];
char sex[6];
char num[15];
int score[3];
};
main()
{struct player play[5];
int i,j;
char tit[6][20]={"name","sex","num","first","second","third"};
for(i=0;i<5;i++)
{scanf("%s%s%s",play[i].name,play[i].sex,play[i].num);
for(j=0;j<3;j++)
scanf("%d",&play[i].score[j]);
}
printf("\n%15s%8s%20s%9s%9s%9s",tit[0],tit[1],tit[2],tit[3],tit
[4],tit[5]);
for(i=0;i<5;i++)
{printf("\n%15s %8s %20s",play[i].name,play[i].sex,play[i].num);
for(j=0;j<3;j++)
printf("%7d",play[i].score[j]);
}
}
```

7.1.3 知识扩展

7.1.3.1 结构体指针

结构体指针就是已经定义的结构变量(或数组)所占内存单元的起始地址。结构体指针定义的一般形式为:

```
struct 结构类型 * 结构体指针名
```

所有结构体指针与所指向的结构必须为同一类型。

例如:

```
struct player
{
char name[20];
char sex[6];
char num[15];
int score[3];
}play;
struct player * s;
```

这里把 play 和 * s 定义为同一类型的结构数据,并把 s 指向 play 所占内存的首地址,因此 s 是指向 play 结构的指针。

为了访问结构体的各成员,可以分别用:

```
(* s).name (* s).sex (* s).num (* s).score[0] …
```

指针前后的括号不能少,因为"."运算符优先级高于"*"运算符的优先级。这种使用指针访问成员的形式,由于要使用括号,不太方便,因此,C 语言定义了一个新的运算符来实现这种操作,即箭头运算符"->"(由负号加上大于符号组成)。如果用箭头运算符来连接结构体指针和它所指向的成员,则上面对结构成员的访问可以写成:

```
s->name s->sex s->num s->score[0]…
```

说明:对结构体成员有 3 种引用方式:

① 结构变量名.结构成员名

② 指针变量名->结构成员名

③ (* 指针变量名)->结构成员名

由于操作符"->"和"."有较高优先级,因此,应该注意以下几个运算符的实际意义:

++s->score 是结构成员 score 加 1,而不是结构变量 s 加 1,相当于++(s->score)。

(++s)->score 在访问 score 前使 s 加 1。

&s－>score 是 score 的地址，而不是 s 的地址。

与变量、数组一样，结构变量和数组也可以通过函数的调用来传递信息。

【例 7－4】用结构体指针改写例 7－1 的程序。

```
#include<stdlib.h>
struct player
{
char name[20];
char sex[6];
char num[15];
float score;
};
main()
{
struct player *s;
char score[15];
printf("\nEnter player name:");
gets(s->name);
printf("\nEnter player sex:");
gets(s->sex);
printf("\nEnter player num:");
gets(s->num);
printf("\nEnter player score:");
gets(score);
s->score = atof(score);
printf("\nName is: %s",s->name);
printf("\nSex is: %s",s->sex);
printf("\nNum is: %s",s->num);
printf("\nScoren is: %5.1f ",s->score);
}
```

7.1.3.2 结构与函数

1）结构变量作为函数的参数

当把一个结构变量作为实参传递给一个函数时，形参应该是与实参具有相同结构类型的结构变量，实际上是将整个结构传递给这个函数。这与变量作为实参一样，是传值调用。在被调用函数中改变结构变量的成员，不会影响调用函数。

如果将结构成员作为实参进行传递，实际上就是把该成员的值传给了形参，它也是传值调用。

【例 7－5】读程序，说出程序的运行结果。

```
#include<stdlib.h>
```

```
#include <stdio.h>
struct player
{
char name[20];
char sex[6];
char num[15];
float score;
};
output(struct player play)
{
printf("\nName is: %s",play.name);/*输出姓名*/
printf("\nSex is: %s",play.sex);/*输出性别*/
printf("\nNum is: %s",play.num);/*输出编号*/
printf("\nScoren is: %5.1f",play.score);/*输出成绩*/
}
input(struct player play)
{
char score[15];
printf("\nEnter player name:");
gets(play.name);/*输入姓名*/
printf("\nEnter player sex:");
gets(play.sex);/*输入性别*/
printf("\nEnter player num:");
gets(play.num);/*输入编号*/
printf("\nEnter player score:");
gets(score);/*输入成绩*/
play.score=atof(score);/*将成绩由字符型转换为实型*/
output(play);/*调用输出函数输出结构体*/
}
main()
{
struct player player1={"Wang_ming","male",0105",90};
input(player1);
output(player1);
}
```

分析：程序在main()函数中对结构变量player1进行了初始化，并把该结构变量作为实参传递给函数input()的形参，即将整个结构传递给了函数input()。在函数input()中给结构变量成员重新输入值，因此，在input()中调用函数output()时输出的是新输入的值。

由于 main()函数调用 input()时是把结构变量作为实参,进行的是传值调用,因此,虽然在函数 input()中给结构变量成员重新输入了值,它也不会影响到调用函数 main()。所以,在 main()函数中调用函数 output()时,输出的仍然是 main()函数中结构变量 player1 的初始值。

程序运行时输入:

```
Enter player name: Zhang xin
Enter player sex: male
Enter player num: 0129
Enter player score: 95
```

输出结果:

```
Name is: Zhang xin   在 input()中调用函数 output()时输出的值
Sex is: male
Num is: 0129
Scoren is: 95
Name is: Wang_ming   在 main()中调用函数 output()时输出的值
Sex is: male
Num is: 0105
Scoren is: 90
```

当结构变量作为实参传送给对应的形参时,系统将为结构体形参开辟相应的存储单元,并把实参中各成员的值一一传送给对应的形参。系统的这一系列内部操作将影响程序的执行效率。

2) 结构变量的地址作为函数的参数

把结构变量的地址作为实参时,对应的形参是一个具有相同类型的指针,系统只需开辟一个指针存储单元并传送一个地址值,这样就提高了程序的执行效率。对于这种传送方式,在被调用函数中是通过指针来引用结构体各成员的。这样的函数调用是传址调用。

【例 7-6】改写例 7-5 的程序,试分析程序的运行结果。

```
#include<stdlib.h>
struct player
{
char name[20];
char sex[6];
char num[15];
float score;
};
main()
```

```
{
struct player player1 = {"Wang_ming","Male","0105",90};
output(player1);
input(&player1);
output(player1);
}
input(struct player *play)
{
char score[15];
printf("\nEnter player name:");
gets(play->name);
printf("\nEnter player sex:");
gets(play->sex);
printf("\nEnter player num:");
gets(play->num);
printf("\nEnter player score:");
gets(score);
play->score = atof(score);
}
output(struct player play)
{
printf("\nName is: %s",play.name);
printf("\nSex is: %s",play.sex);
printf("\nNum is: %s",play.num);
printf("\nScoren is: %5.1f",play.score);
}
```

分析：在 main()函数中，首次调用函数 output()时，输出的应该是结构变量 player1 的初始值。执行函数调用语句 input();时，其实参是 & player1，即把结构变量的地址作为实参传递给函数 input()中对应的形参 * play。这样，就指向了结构变量 player1 的首地址，因而可以通过 play 来引用这个结构变量的各成员了。调用函数 input()后，输入结构变量各成员的值会影响到调用函数 main()中的结构变量 player1 的值，所以，在第 2 次调用输出函数 output()时，将结构变量作为实参，可以输出结构变量各成员的新值。

程序运行时，第 1 次调用函数 output()时输出：

```
Name is: Wang_ming
Sex is: Male
Num is: 0105
Scoren is: 90
```

调用函数 input()时输入：

```
Enter player name: Zhang xin
Enter player sex: Male
Enter player num: 0129
Enter player score: 95
```

第 2 次调用函数 output()时输出：

```
Name is: Zhang xin
Sex is: Male
Num is: 0129
Scoren is: 95
```

思考：如果将函数调用语句 input();的实参改为 player1,程序会得到正确的结果吗？

3）结构体数组作为函数的参数

由于将数组名作为数组的首地址，因此，在形参和实参结合时，传递给函数的就是数组的首地址。形参数组的大小最好不定义，以表示与调用函数的数组保持一致。

【例 7－7】计算平均成绩，打印排序成绩表。

```
#include<stdio.h>
#define N 3
#define M 3
void sort(struct_player ss[ ],int n);
struct _student
{
char num[15],name[10];
int score[3];
float aver;
}stu[N] = {{"200361070001","Lishuwei",68,71,91},
    {"200361070002","Zhangfan",92,78,85},
    {"200361070003","Wujiaxin",70,91,78}};
void main()
{int i,j,sum[N];
for(i = 0;i<N;i + + )
{sum[i] = 0;
for(j = 0;j<M;j + + )
sum[i] = sum[i] + stu[i].score[j];
stu[i].aver = sum[i]/3.0;
}
```

```
sort(stu,N);
for(i = 0;i<N;i + + )
printf(" % 3d % 15s % 12s % 8.2f\n",i + 1,stu[i].num,stu[i].name,
    stu[i].aver);
}
void sort(struct _student ss[ ],int n)
{
int i,j;
struct _student tmp;
for(i = 0;i< = n - 1;i + + )
for(j = 0;j< = n - i;j + + )
if(ss[j].aver<ss[j + 1].aver)
{tmp = ss[j + 1];
ss[j + 1] = ss[j];
    ss[j] = tmp;
  }
}
```

7.1.4 举一反三

在本任务中介绍了结构体,下面通过实例来进一步掌握前面所介绍的知识。

【例 7 - 8】给结构变量赋值并输出其值。

```
#include <stdio.h>
void main()
{struct stu
{int num;
char *name;
char sex;
float score;
} boy1,boy2;
boy1.num = 102;
boy1.name = "Zhang ping";
printf("input sex and score\n");
scanf(" % c % f",&boy1.sex,&boy1.score);
boy2 = boy1;
printf("Number = % d\nName = % s\n",boy2.num,boy2.name);
printf("Sex = % c\nScore = % f\n",boy2.sex,boy2.score);
}
```

本程序中用赋值语句给 num 和 name 两个成员赋值，name 是 1 个字符串指针变量。用 scanf 函数动态地输入 sex 和 score 成员值，然后把 boy1 的所有成员的值整体赋予 boy2。最后分别输出 boy2 的各个成员值。本例介绍了结构变量的赋值、输入和输出的方法。

【例 7-9】计算学生的平均成绩和不及格的人数。

```
#include <stdio.h>

struct stu
{
int num;
char *name;
char sex;
float score;
}boy[5] = {
{101,"Li ping",'M',45},
{102,"Zhang ping",'M',62.5},
{103,"He fang",'F',92.5},
{104,"Cheng ling",'F',87},
{105,"Wang ming",'M',58},
};
void main()
{
int i,c = 0;
float ave, s = 0;
for(i = 0;i<5;i++)
{
s += boy[i].score;
if(boy[i].score<60) c += 1;
}
printf("s = %f\n",s);
ave = s/5;
printf("average = %f\ncount = %d\n",ave,c);
}
```

本例程序中定义了一个外部结构数组 boy，共 5 个元素，并作了初始化赋值。在 main 函数中用 for 语句逐个累加各元素的 score 成员值存入 s 之中，如 score 的值小于 60（不及格）则计数器 C 加 1，循环完毕后计算平均成绩，并输出全班总分、平均分和不及格人数。

7.1.5 实践训练

经过前面的学习，大家已了解了结构体的主要用法，下面自己动手解决一些实际问题。

7.1.5.1 初级训练

1. 将程序补充完整，计算某个选手的平均分。

```
#include "stdio.h"
#include "string.h"
struct player
{________;
 ________;
};
main()
{float ave;
 struct ________ li;
 strcpy(li.num,"2011100");
 li.s[0]=78;
 li.s[1]=92;
 li.s[2]=89;
 ____________________;
 printf("编号  成绩1  成绩2  成绩3  平均分\n");
 printf("%s%8.1f%8.1f%8.1f%8.1f\n",li.num,li.s[0],li.s[1],li.s[2],
ave);
}
```

2. 某位选手的成绩统计，将上一题的程序改写成用结构体指针完成。
3. 完善程序，用指针访问结构体变量及结构体数组。

```
#include "stdio.h"
main()
{
 struct player
 {____________;
  ____________;
  ____________;
  ____________;
  float score;
 };
struct player play[3]={{20112,"Wang",'F',20,483},{20113,"Liu",'M',19,503},
        {20114,"Song",'M',19,471.5}};
struct player player1={20111,"Zhang",'F',19,496.5}, *p, *q;
 int i;
```

```
 p = &player1;
printf(" %s, %c, %5.1f\n",player1.name,________);/*访问结构体变量*/
 q = play;
for(i = 0;i<3;i + + ,q + + )
printf(" %s, %c, %5.1f\n",________,________,________);
}
```

7.1.5.2 深入训练

1. 现有如下选手的数据，其中第1项是编号，第2项为姓名，第3项为平均成绩。

1 Li_ming 90

2 Wang_hong 85

3 Zhang_hua 69

4 Liu_yian 58

5 Zhao_tian 79

编写程序，将数据读到结构体数组中，然后将平均成绩大于60分的选手信息输出。

2. 定义一个结构体(包括年、月、日等成员变量)并初始化，然后计算该日在本年中是第几天(注意闰年问题)。

3. 输入5位选手的编号、姓名、数学、英语和计算机成绩，计算其平均成绩并输出成绩表。

4. 输入5位用户的姓名和电话号码，按姓名的字典顺序排序后，输出用户的姓名和电话号码。

5. 编写程序，计算某选手的平均成绩，要求调用函数完成并使用结构体变量做实参。

7.2 任务2 选手信息文件管理

7.2.1 任务的提出与实现

7.2.1.1 任务提出

键盘输入选手的相关信息(编号、姓名、性别)及评委的打分，存入文件，再从文件中读出，按照总分从高到低进行排序后输出成绩单，并保存到文件。

7.2.1.2 具体实现

为了程序运行方便，假设有5名选手。

```
#include<stdio.h>
#include<stdlib.h>
#define N 5
struct Player
{
  char ID[20];
```

```
        char name[20];
        char sex[6];
        int s[4];
}play[N];
void input(int);
void save(int,char *);
void read(int,char *);
void play_sort(int);
int main()
  {
  input(N);/*输入数据*/
  save(N,"player.txt");/*将数据保存到文件*/
  read(N,"player.txt");/*从文件中读取数据*/
  play_sort(N);/*对文件中的数据进行排序*/
  return 0;
}
void input(int n)
{
  int i,j;
  printf("请录入选手的编号,姓名,性别,选手得分:\n");
  for(i=0;i<n;i++)
  {
  scanf("%s",play[i].ID);
        scanf("%s",play[i].name);
        scanf("%s",play[i].sex);
    play[i].s[3]=0;
    for(j=0;j<3;j++)
    {
    scanf("%d",&play[i].s[j]);
    play[i].s[3]=play[i].s[3]+play[i].s[j];
    }
  }
}
void save(int n, char *filename)
{
  FILE *fp;
  int i;
  if((fp=fopen(filename,"w"))==NULL)
```

```
{
  printf("cannot creat file.\n");
  exit(0);
}
for(i = 0;i<n;i + + )
  if(fwrite(&play[i],sizeof(struct Player),1,fp)!= 1)
    printf("\n write error!\n");
fclose(fp);
}
void read(int n, char *filename)
{
  FILE *fp;
  int i;
  if((fp = fopen(filename,"r")) = = NULL)
  {
  printf("cannot open file!\n");
  exit(0);
  }
  for(i = 0;i<n;i + + )
  {
  fread(&play[i],sizeof(struct Player),1,fp);
  printf(" %5s",play[i].ID);
  printf(" %10s",play[i].name);
  printf(" %7s",play[i].sex);
  printf(" %7d%7d%7d%7d",play[i].s[0],play[i].s[1],play[i].s[2],play
[i].s[3]);
  printf("\n");
  }
  fclose(fp);
}
void play_sort(int n)
{
  //printf("\n排名前的信息:\n");
  //read(n,"player.txt");
  int i,j,k;
  struct Player play_temp;
  for(i = 0;i<n - 1;i + + )
  {
```

```
        k = i;
        for(j = i + 1;j<n;j + + )
          if(play[k].s[3]<play[j].s[3])
            k = j;
        if(k!= i)
        {
          play_temp = play[i];
          play[i] = play[k];
          play[k] = play_temp;
        }
      }
      save(N,"player_sort.txt");
      printf("\n排名后的信息:\n");
      read(N,"player_sort.txt");
    }
```

程序运行结果如图 7 - 3 所示：

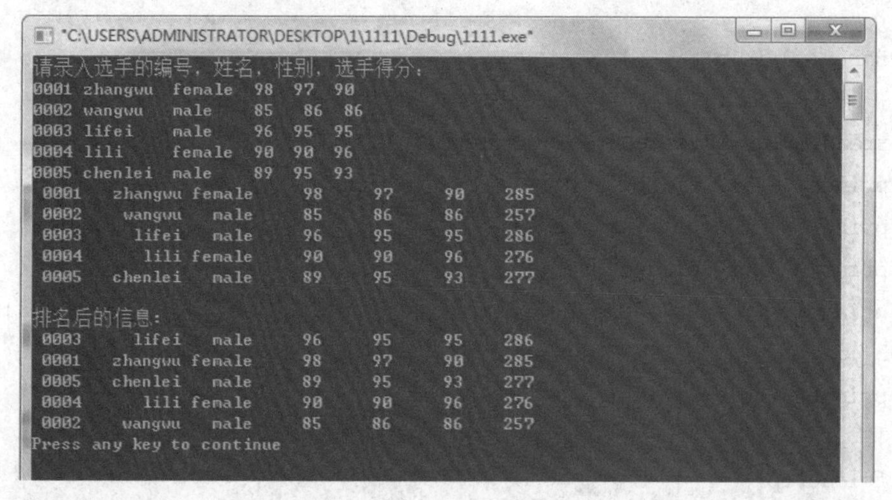

图 7 - 3 程序运行结果

从上面这段程序可分析出：

① 要掌握文件的打开与关闭方法。

② 要掌握文件的读取与写入方法。

③ 要掌握如何将输入的数据保存到文件中。

7.2.2 相关知识

7.2.2.1 文件的打开与关闭

对文件的正确操作是首先打开文件，再对文件进行读/写，最后关闭文件。

1）文件的打开函数 fopen()

文件的打开是通过函数 fopen()实现的，fopen()函数的调用形式为：

```
FILE *fp;
fp=fopen(文件名,使用方式);
```

“文件名”可以是用双引号括起来的字符串，如“c:\data\file.dat”，也可以是字符数组名或指向字符串的指针。使用路径（如果要打开的文件不在当前目录下）是为了告诉C编译程序到什么地方去找要打开的文件。

“使用方式”用于规定所打开文件的读/写方式。文件的各种使用方式见表7-1。

表7-1　文件的使用方式

使用方式	意　义	使用方式	意　义
“r”（只读）	为输入打开一个文本文件	“r+”或“rw”（读/写）	为读/写打开一个文本文件
“w”（只写）	为输出建立一个新的文本文件	“w+”或“wr”（读/写）	为读/写建立一个新的文本文件
“a”（追加）	向文本文件尾添加数据	“a+”或“ar”（读/写）	为添加读/写打开一个文本文件
“rb”（只读）	为输入打开一个二进制文件	“rb+”（读/写）	为读/写打开一个二进制文件
“wb”（只写）	为输出建立一个新二进制文件	“wb+”（读/写）	为读/写建立一个新二进制文件
“ab”（追加）	向二进制文件尾添加数据	“ab+”（读/写）	为添加读/写打开一个二进制文件

例如：

FILE *fp;

fp=fopen(“file.dat”,“w”);

这里，fp是FILE类型的指针变量，它指向被打开的文件。fopen()函数调用通知编译系统：打开当前目录下名为file.dat的文本文件，并且只允许对此文件进行写操作。函数调用使文件指针fp与文件file.dat建立联系，并使指针指向文件的开始位置。

说明：

① 使用“w”方式向文件中写入数据时，将删除文件中原有的内容，把新的内容从文件的开始写入。

② 如果需要向文件增添新的数据并保留原有的数据，这时应该选“a”方式。

③ 对打开的文件所选择的使用方式来说，一经说明就不能改变，除非关闭文件后重新打开。

④ 用“r+”方式打开文件时，该文件应该已经存在。

⑤ 用“w+”方式打开文件时，则新建1个文件，先向该文件写数据，然后读取该文件中的数据。

⑥ 用“a+”方式打开文件时，位置指针移到文件末尾，在原文件后添加数据，也可以读取该文件中的数据。

为了确保文件的正常打开，程序中可用如下方法对 fopen()函数的返回值进行测试：

```
if((fp = fopen(文件名,使用方式)) = = NULL)
{
printf("file can not be open\n");
exit(1);
}
```

如果要打开的文件不存在，函数 fopen()将返回 1 个值 NULL，代表该文件是 1 个“空”文件。NULL 值在 stdio. h 中定义为 0。

当 1 个文件正常打开后，就可以对其进行读/写操作了。

2) 文件的关闭函数 fclose()

文件使用完毕后，要关闭文件。关闭文件用函数 fclose()，其调用格式为：

```
fclose(文件指针);
```

用 fclose()函数关闭文件，若关闭成功，则函数返回 0；若失败，则返回非 0 值。

fclose()函数用于解除文件指针和文件的联系，同时将尚未写入磁盘的数据(存在内存缓冲区中的数据)写入磁盘文件中。忽略对文件的关闭操作将会造成数据丢失，因此文件的关闭操作并不是可有可无的。

7.2.2.2 文件的输入/输出函数

当文件按指定方式打开后，就可以执行对文件的读/写操作了。针对文本文件和二进制文件的不同性质，对文本文件可按字符读/写或按字符串读/写；对二进制文件则可进行成块的读/写或格式化的读/写。

1) 按字符方式读/写文件的函数 fgetc()，fputc()

C 语言提供了 fgetc()和 fputc()函数对文本文件进行字符的读/写。fgetc()函数从指定文件中读入 1 个字符，fputc()函数把 1 个字符写到磁盘文件中去。

(1) 字符输入函数 fgetc()

字符输入函数 fgetc()的调用格式为：

```
ch = fgetc(fp);
```

其中，ch 是字符变量，fp 是文件指针变量。

函数 fgetc()的作用是从指定文件中读 1 个字符，赋给字符变量。正常情况下，该函数返回的是输入字符的值，出错时返回 EOF。

C 语言中提供了 1 个文件结束函数 feof()，用于测试文件的当前状态，若文件正常结束函数 feof()的返回值为 1(真)，否则返回值为 0(假)。

【例 7－10】读出磁盘文件 file. txt 的内容，并将其显示在屏幕上。

分析：打开文件 file. txt 时，该文件必须是磁盘上已经存在的文件，否则打开文件将以失败而结束程序的执行。成功地打开文件后，可用函数 putchar()将从文件中读出来的内容显示在屏幕上，一直读到文件结尾。程序如下：

```
#include "stdio.h"
main()
{
FILE *fp;
fp=fopen("file.txt ","r");/*以只读方式打开文件file.txt*/
while(!feof(fp))
putchar(fgetc(fp));/*将从文件中读出的字符显示在屏幕上*/
fclose(fp);/*关闭文件*/
}
```

(2) 字符输出函数 fputc()

字符输出函数 fputc()的调用格式为:

```
fputc(ch,fp);
```

其中,ch 是字符变量,fp 是文件指针变量。

函数 fputc()的作用是把 1 个字符写到文件指针变量所指向的文件中。正常情况下,该函数返回的是写入文件的值,出错时返回 EOF。

【例 7-11】读出磁盘文件 file.txt 的内容,将其显示在屏幕上,同时把从文件 file.txt 中读出的内容写到文件 fileoutput.txt 中。

分析: 该程序与例 7-10 不同的是,它不仅要将从文件 file.txt 中读出的内容显示在屏幕,同时还要将其写入到文件 fileoutput.txt 中。写入时可用函数 fputc()来实现。以"r"方式打开文件 file.txt,以"w"方式打开文件 fileoutput.txt,文件 fileoutput.txt 在打开前可以不存在。

```
#include "stdio.h"
main()
{
FILE *in, *out;
char ch;
in=fopen("file.txt","r");
out=fopen("fileoutput.txt","w");
while(!feof(in))
{ch=fgetc(in);
putchar(ch);
fputc(ch,out);
}
fclose(in);
fclose(out);
}
```

2）按行方式读/写文件的函数 fgets()，fputs()

对于文本文件的读/写常常以行为单位来进行处理。

(1) 字符串输入函数 fgets()

字符串输入函数 fgets()的调用格式为：

```
fgets(str,n,fp);
```

其中，fp 是 FILE 类型的指针变量，它所指向的文件必须已经打开；n 是 1 个整型变量，表示从文件中读取 1 个长度为 n－1 的字符串；str 是 1 个字符型的指针变量，表示读取到的字符串在内存空间的首地址。

函数 fgets()的作用是从 fp 指定的文件中读取 n－1 个字符，并将其放入 str 为起始地址的存储空间内。如果在读入 n－1 个字符结束之前遇到换行符或者 EOF(文件结束符)，则结束读入。字符串读入结束后，在最后一个字符后面加 1 个'\0'字符，fgets()函数返回 str 地址。

(2) 字符串输出函数 fputs()

字符串输出函数 fputs()的调用形式为：

```
fputs(str,fp);
```

其中，fp 是 FILE 类型的指针变量；str 可以是字符串常量、字符数组名或指向某字符串的指针。

函数 fputs()的作用是把以 str 为起始地址的字符串输出到 fp 指定的文件中，最后的'\0'不输出，也不会自动在字符串的末尾加'\n'。输出成功时函数值为 0，否则值为非 0。

说明：

① 字符型的数据可以按行(整体)进行读/写，数值型数据的读/写则不允许进行整体输入或输出，只能逐个数据(元素)进行读/写。

② fgets()与 gets()的功能不同。gets()把读取到的回车符转换为'\0'，而 fgets()把读取到的回车符作为字符存储，再在末尾追加'\0'。

③ fputs()函数舍弃输出字符串末尾的'\0'，而 puts()把'\0'转换为回车符输出。

【例 7－12】向磁盘写入字符串，并写入文本文件 test. txt。

```
#include<stdio.h>
#include<string.h>
main()
{
  FILE *fp;
  char str[128];
  if((fp=fopen("test.txt","w"))==NULL)/*打开只写的文本文件*/
  {
    printf("cannot open file!");
    exit(0);
```

```
    }
    while((strlen(gets(str)))! = 0)
    {/ * 若串长度为零,则结束 * /
      fputs(str,fp);/ * 写入串 * /
      fputs("\n",fp);/ * 写入回车符 * /
    }
    fclose(fp);/ * 关文件 * /
  }
```

运行该程序,从键盘输入长度不超过 127 个字符的字符串,写入文件,如串长为 0 即空串,程序结束。

输入:Hello!

How do you do

Good-bye!

【例 7 - 13】从一个文本文件 test1. txt 中读出字符串,再写入另一个文件 test2. txt。

```
 #include<stdio.h>
 #include<string.h>
 main()
 {
   FILE *fp1, *fp2;
   char str[128];
   if((fp1 = fopen("test1.txt","r")) = = NULL)
   {/ * 以只读方式打开文件 1 * /
     printf("cannot open file\n");
     exit(0);
   }
   if((fp2 = fopen("test2.txt","w")) = = NULL)
   {/ * 以只写方式打开文件 2 * /
     printf("cannot open file\n");
     exit(0);
   }
   while((strlen(fgets(str,128,fp1)))>0)
   / * 从文件中读回的字符串长度大于 0 * /
   {
     fputs(str,fp2);/ * 从文件 1 读字符串并写入文件 2 * /
     printf(" %s",str);/ * 在屏幕显示 * /
   }
```

```
    fclose(fp1);
    fclose(fp2);
  }
```

程序共操作两个文件，需定义两个文件变量指针，因此在操作文件以前，应将两个文件以需要的工作方式同时打开（不分先后），读写操作完成后，再关闭文件。设计过程是按写入文件的同时显示在屏幕上，故程序运行结束后，应看到增加了与原文件相同的文本文件并显示文件内容在屏幕上。

3）按格式读/写文件的函数 fprintf()，fscanf()

与 scanf()和 printf()函数相对应，C 语言提供了对文件进行格式化输入和输出的函数：fscanf()和 fprintf()。这两个函数与 printf()和 scanf()的作用相同，只是把输入和输出对象由终端改为了磁盘文件。

（1）格式化输入函数 fscanf()

格式化输入函数 fscanf()的调用格式为：

```
fscanf(fp,格式字符串,输入表列);
```

其中，fp 是由 fopen()返回的文件指针。

函数 fscanf()的作用是从 fp 指向的文件中读取格式化的数据，其操作方法与函数 scanf()相同。

（2）格式化输出函数 fprintf()

格式化输出函数 fprintf()的调用格式为：

```
fprintf(fp,格式字符串,输出表列);
```

其中，fp 是由 fopen()返回的文件指针。

函数 fprintf()的作用是将格式化的数据写到 fp 指向的文件中，其操作方法与函数 printf()相同。

【例 7-14】将一些格式化的数据写入文本文件，再从该文件中以格式化方法读出并显示到屏幕上，其格式化数据是两个选手的记录，包括姓名、编号、成绩。

```
#include<stdio.h>
main()
{
  FILE *fp;
  int i;
  struct stu{/*定义结构体类型*/
    char name[15];
    char num[6];
    float score[2];
  }player;/*说明结构体变量*/
```

```
    if((fp = fopen("test1.txt","w")) = = NULL)
    {/* 以文本只写方式打开文件 */
      printf("cannot open file");
      exit(0);
    }
    printf("input data:\n");
    for(i = 0;i<2;i + + )
    {
      scanf("%s %s %f %f",player.name,player.num,&player.score[0],
      &player.score[1]);/* 从键盘输入 */
      fprintf(fp,"%s %s %7.2f %7.2f\n",player.name,player.num,
      player.score[0],player.score[1]);/* 写入文件 */
    }
    fclose(fp);/* 关闭文件 */
    if((fp = fopen("test.txt","r")) = = NULL)
    {/* 以文本只读方式重新打开文件 */
      printf("cannot open file");
      exit(0);
    }
    printf("output from file:\n");
    while(fscanf(fp,"%s %s %f %f\n",player.name,player.num,&player.score
[0],player.score[1])!= EOF)
    /* 从文件读入 */
      printf("%s %s %7.2f %7.2f\n",player.name,player.num,
    player.score[0],player.score[1]);/* 显示到屏幕 */
    fclose(fp);/* 关闭文件 */
  }
```

程序设计1个文件变量指针，两次以不同方式打开同一文件，写入和读出格式化数据，有一点很重要，那就是用什么格式写入文件，就一定用什么格式从文件读取，否则，读出的数据与格式控制符不一致，就造成数据出错。上述程序运行如下：

```
input data:
xiaowan j001 87.5 98.4
xiaoli j002 99.5 89.6
output from file:
xiaowan j001 87.50 98.40
xiaoli j002 99.50 89.60
```

列表文件的内容显示为：

```
xiaowan j001 87.50 98.40
xiaoli j002 99.50 89.60
```

此程序所访问的文件也可以定为二进制文件，如果打开文件的方式为：

```
if((fp=fopen("test1.txt","wb"))==NULL)
{/*以二进制只写方式打开文件*/
  printf("cannot open file");
  exit(0);
}
```

其效果完全相同。

4）按块读/写文件的函数 fread()，fwrite()

前面介绍的几种读/写文件的方法，对数组或结构体等复杂的数据类型无法以整体形式向文件写入或从文件读出。成块读/写文件的函数 fread()和 fwrite()，对数组或结构体等类型的数据则可进行一次性读/写。

（1）读数据块函数 fread()

读数据块函数的调用格式为：

```
fread(buffer,size,count,fp);
```

其中 buffer 是 1 个指针，它指向存放数据块的存储区，即读入数据存储区的起始地；size 是要读的每个数据块的字节数；count 表示要读多少个 size 字节的数据块；fp 是已打开文件的文件指针。函数值是成功地进行读操作的数据块个数。正常情况下，其值应该与 count 相同。

（2）写数据块函数 fwrite()

写数据块函数的调用格式为：

```
fwrite(buffer,size,count,fp);
```

其中 buffer 是 1 个指针，是输出数据块的起始地址；size 是要写的每个数据块的字节数；count 表示要写多少个 size 字节的数据块；fp 为文件指针。函数值是成功地进行写操作的数据块个数。正常情况下，其数值应该与 count 相同。freed()和 fwrite()函数通常用来对二进制文件进行输入和输出，只要正确地指定函数调用中的每个参数，就可以对数组和结构体变量进行整体输入和输出。

【例 7-15】向磁盘写入格式化数据，再从该文件读出显示到屏幕。

```
#include "stdio.h"
#include "stdlib.h"
main()
  {
```

```
    FILE *fp1;
    int i;
      struct stu{/*定义结构体*/
      char name[15];
      char num[6];
      float score[2];
    }player;
    if((fp1=fopen("test.txt","wb"))==NULL)
    {/*以二进制只写方式打开文件*/
      printf("cannot open file");
      exit(0);
    }
    printf("input data:\n");
    for(i=0;i<2;i++)
    {
      scanf("%s%s%f%f",player.name,player.num,&player.score[0],&player.
score[1]);/*输入一记录*/
      fwrite(&player,sizeof(player),1,fp1);/*成块写入文件*/
    }
    fclose(fp1);
    if((fp1=fopen("test.txt","rb"))==NULL)
    {/*重新以二进制只写打开文件*/
      printf("cannot open file");
      exit(0);
    }
    printf("output from file:\n");
    for(i=0;i<2;i++)
    {
    fread(&player,sizeof(player),1,fp1);/*从文件成块读*/
    printf("%s%s%7.2f%7.2f\n",player.name,player.num,player.score[0],
player.score[1]);/*显示到屏幕*/
    }
  fclose(fp1);
  }
```

运行程序：

```
input data:
xiaowan j001 87.5 98.4
```

```
xiaoli j002 99.5 89.6
output from file:
xiaowan j001 87.50 98.40
xiaoli j002 99.50 89.60
```

通常，对于输入数据的格式较为复杂的话，我们可采取将各种格式的数据当作字符串输入，然后将字符串转换为所需的格式。C语言提供函数：

```
int atoi(char *ptr)
float atof(char *ptr)
long int atol(char *ptr)
```

它们分别将字符串转换为整型、实型和长整型。使用时请将其包含的头文件 math. h 或 stdlib. h 写在程序的前面。

7.2.3 知识扩展

7.2.3.1 文件的顺序存取与随机存取

C语言提供的对文件进行读/写的函数既可用于顺序存取，也可用于随机存取。关键在于控制文件的位置指针。打开文件时，除了使用“a”或“a+”等追加方式外，文件的位置指针总是指向文件的开头。

对于输入操作，总是从文件的开头按顺序读取文件中的内容，读完第1个数据，位置指针后移指向下一个数据的开头，而具体移动的字节数取决于输入项的类型或指定的格式。对于输出操作，则总是从文件的开头去写；如果要打开的文件不存在，则建立这个文件，并把输出的数据依次写到该新建的文件中；如果指定的文件已经存在，则将重写该文件的内容，原来文件的内容将不复存在。

当用“a”或“a+”等追加方式打开文件时，文件的位置指针自动移向文件末尾，这时不能进行读操作。当进行写操作时，输出的内容接着写在当前文件的后面，原来的内容不会丢失，文件结束标志后移。

随机存取是指通过人为地控制位置指针的指向，读取指定位置上的数据，或把数据写到文件的指定位置上，更新此位置上的数据，并保持其余数据不变。这样，就需要对文件进行详细的定位。只有定位准确，才有可能对文件进行随机存取。

7.2.3.2 检测文件结束函数 feof()

检测文件结束函数的调用格式为：

```
feof(fp);
```

fp 是由 fopen()函数打开的文件指针。

feof()函数的作用是检测文件位置指针是否已指向文件的末尾。若已指向末尾，则函数值为1，否则函数值为0。

7.2.3.3 反绕函数 rewind()

反绕函数的调用格式为：

```
rewind(fp);
```

fp 是由 fopen()函数打开的文件指针。

函数 rewind()的作用是使文件位置指针重新返回到文件的开始处，该函数无返回值。

7.2.3.4 移动文件位置指针函数 fseek()

C 语言提供了文件定位函数，它可以使文件位置指针移动到所需要的位置。函数的调用格式为：

```
fseek(fp,offset,origin);
```

其中 fp 是由 fopen()函数打开的文件指针；offset 是 long 型数据，代表以字节为单位的位移量，可以为正值或负值，为正值表示文件指针从起始点向文件尾移动，为负值表示文件指针从起始点向文件头移动；origin 是 int 型，代表文件指针位置的起始点，指位移量以什么地方为基准，可以用数字或用标识符表示。

例如：

fseek(fp,10L,0)；表示将文件位置指针移到离文件开始处第 10 个字节后面，第 11 个字节的前面。

fseek(fp,－10L,2)；表示将文件位置指针移到倒数第 10 个字节的前面。

fseek(fp,0,SEEK_END)；表示将文件位置指针移到文件的末尾。

函数 fseek()的作用是使文件位置指针移到指定的位置。当函数调用成功时，函数返回值为 0，否则返回值为非 0。

7.2.3.5 测定文件位置指针当前指向的函数 ftell()

测定文件位置指针当前指向的函数的调用格式为：

```
ftell(fp);
```

其中，fp 为文件指针。

函数 ftell()的功能是获得当前文件指针的位置，用相对于文件开头的位移量(以字节为单位)来表示，例如：

fseek(fp,0,2)；

n＝ftell(fp)；

n 得到的是文件长度(字节数)，函数值为 long 类型，如果出错(如文件不存在)，则数值为－1。

【例 7－16】在磁盘上建立文件 file1.dat，文件的内容如下：

What's that over there?

It's a duck.

Is this a duck, too?

No. It's a goose.

以"r"方式打开该文件，显示文件指针的位置，然后将文件指针移到文件末尾，再显示文

件指针的位置,向文件中写入如下内容:

Oh! This is a goose. That's a duck!

显示当前文件指针的位置。

```
#include "stdio.h"
main()
{
FILE *fp;
long position;
if((fp=fopen("file1.dat","r"))==NULL)
{printf("cannot open file.dat\n");
exit(0);
}
position=ftell(fp);/*测定文件位置指针当前的指向*/
printf("position=%ld\n",position);/*显示文件位置指针的值*/
fseek(fp,0,2);/*将文件位置指针移到文件的末尾*/
position=ftell(fp);/*测定文件位置指针当前的指向*/
printf("position=%ld\n",position);
fputs("Oh! This is a goose. That's a duck!",fp);/*向文件中添加内容*/
position=ftell(fp);/*测定文件位置指针当前的指向*/
printf("position=%ld\n",position);
fclose(fp);
}
```

7.2.4 举一反三

在本任务中,介绍了文件的相关知识,下面通过实例来进一步掌握前面所学的知识。

【例7-17】分析下面的程序,说出程序的功能。

```
#include "stdio.h"
main()
{
FILE *in, *out;
char f1[20],f2[20];
printf("\nEnter a source filename:");
gets(f1);
printf("\nEnter a destination filename:");
gets(f2);
if((in=fopen(f1,"r"))==NULL)/*打开源文件*/
```

```
{printf("cannot open file %s\n",f1);
exit(0);
}
if((out = fopen(f2,"w")) = = NULL)/ * 打开目标文件 * /
{printf("cannot open file %s\n",f2);
exit(0);
}
while(feof(in))
fputc(fgetc(in),out);
fclose(in);
fclose(out);
}
```

答案: 该程序的功能是进行文件的复制。

解析: 该程序是从键盘上输入1个源文件名给字符数组f1和1个目标文件名给字符数组f2,然后把从源文件中读出的内容写到目标文件中。因此,该程序的功能是进行文件的复制,即将文件f1的内容复制到文件f2中。

【例7-18】读下面的程序,并在空白处填写正确的内容。

```
#include "stdio.h"
main()
{
FILE *in, *out;
char f1[20],f2[20],str[128];
printf("\nEnter a source filename:");
gets(f1);
printf("\nEnter a destination filename:");
gets(f2);
if((in = fopen(f1,"r")) = = NULL)
{printf("cannot open file %s\n",f1);
exit(0);
}
if((out = fopen(f2,"w")) = = NULL)
{printf("cannot open file %s\n",f2);
exit(0);
}
while(feof(in))
puts(fgets(str,128,in));
```

```
while(feof(in))
fputs(fgets(str,128,in),out);
fclose(in);
fclose(out);
}
```

答案: rewind(in)

解析: 该程序的第1条while循环语句,是把从源文件中读取的内容显示在屏幕上,第2条while循环语句,是把从源文件中读取的内容写到目标文件中。这里要注意的是第1条while循环语句执行后,文件的位置指针已经指到了文件的末尾,要想第2条while循环语句执行成功,必须将文件位置指针重新置于文件的开始处,所以程序空白处应该填写 rewind(in)。

7.2.5 实践训练

经过前面的学习,大家已掌握了文件的打开/关闭、文件的读/写等主要用法,下面自己动手解决一些实际问题。

7.2.5.1 初级训练

1. 下面的程序要完成由终端键盘输入字符,并存放到文件中,用#结束输入。请完善下面的程序。

```
#include <stdio.h>
main()
{
FILE *fp;
char ch, fname[10];
printf("Input name of file\n");
gets(fname);
fclose(fp);
}
```

2. 需要将磁盘文件的内容输出到屏幕上,请完善下面的程序。

```
#include <stdio.h>
#define SIZE 256
main(int argc, char *argv[])
{
char buffs[SIZE];
FILE *fp;
if(argc!=2)
{
```

```
puts("\n Err! ");
exit(0);
}
if((fpr = fopen(argv[1],"r")) = = NULL)
{
printf("\n file % s can?t opened\n",(1));
exit(0);
}
……
fclose(fpd);
}
```

3. 假设磁盘上有3个文本文件,其文件名和内容分别为:

文件名 内容

f1 teacher!

f2 player!

f3 OK!

磁盘上还有以下C语言源程序,经编译、连接后生成可执行文件,文件名为exam.exe。

```
#include<stdio.h>
main(int argc,char * argv[])
{
FILE * fp;
void sub();
int i = 1;
while( - - argc>0)
if((fp = fopen(argv[i + + ],"r")) = = NULL
{printf("Cannot open file!\n");
exit(1);
}
else
{sub(fp);
fclose(fp);
}
}
void sub(FILE  * fp)
{char c;
while((c = getc(fp))!= '!')putchar(c + 1);
}
```

若在 DOS 提示符下键入：exam f1 f2 f3<回车>,则程序的运行结果是________。

4. 从键盘输入 10 个整型数到一维数组 str[10]中，并把这 10 个数写到文件 file.dat 中，然后再从文件 file.dat 中读出这些数据，并显示在屏幕上。

5. 从键盘输入 1 个字符串，将其保存到"d:\shixun\test1.txt"中。

7.2.5.2 深入训练

1. 将 1 组字符串写到文件"d:\shixun\test3.txt",然后再从文件中读出并显示。

2. 有 1 个文本文件，第 1 次使它显示在屏幕上，第 2 次把它复制到另外一个文件中。

3. 用文件进行数据的输入和输出，从键盘上输入选手的基本信息，然后计算选手的平均成绩。这里首先将选手的基本信息存放在 playscore.in 文件中，然后从该文件中读出选手的基本信息，计算出平均成绩后再将选手的基本信息和平均成绩写入到 playscore.out 文件中。

4. 从键盘上输入选手的基本信息，然后计算选手的平均成绩，再按平均成绩由大到小进行排序。这里的选手基本信息仍然存放在 playscore.in 文件，从该文件中读出选手的基本信息，计算出平均成绩后，按平均成绩进行排序，再将排序后的选手的基本信息写到 playscore.out 文件中。

图书在版编目(CIP)数据

C语言设计项目化教程/陈帅华,韩亚军,张建平主编. —上海：复旦大学出版社，2020.11
项目化教程系列教材. 电子信息类
ISBN 978-7-309-15334-7

Ⅰ. ①C… Ⅱ. ①陈… ②韩… ③张… Ⅲ. ①C语言-程序设计-高等职业教育-教材
Ⅳ. ①TP312.8

中国版本图书馆CIP数据核字(2020)第208904号

C语言设计项目化教程
陈帅华 韩亚军 张建平 主编
责任编辑/高 辉

复旦大学出版社有限公司出版发行
上海市国权路579号 邮编：200433
网址：fupnet@fudanpress.com http://www.fudanpress.com
门市零售：86-21-65102580 团体订购：86-21-65104505
外埠邮购：86-21-65642846 出版部电话：86-21-65642845
上海春秋印刷厂

开本787×1092 1/16 印张15 字数365千
2020年11月第1版第1次印刷

ISBN 978-7-309-15334-7/T · 685
定价：49.00元
